产品创新设计与表现研究

吕明　白云峰　李硕　著

中国纺织出版社

内容简介

产品创新设计在工业设计中占有地位越来越高，本书从产品设计概述开始逐步展开，由平面的立体化到立体形态的创造，逐层深入，进而论述了产品创新设计与表现等方面的内容。主要内容有：产品设计概述、产品设计的类别与表现、产品设计流程、产品设计创造力、创新设计思维、产品创新设计的内容、产品创新设计实例。本书具有高度的科学性和严谨性，可以作为高等院校工业设计、产品设计等设计和制造类专业设计方面参考用书，也可作为设计人员的参考用书。

图书在版编目（CIP）数据

产品创新设计与表现研究 / 吕明，白云峰，李硕著
. -- 北京 : 中国纺织出版社，2018.3（2022.1 重印）
ISBN 978-7-5180-3624-0

Ⅰ. ①产… Ⅱ. ①吕… ②白… ③李… Ⅲ. ①产品设计 — 高等学校 — 教材 Ⅳ. ①TB472

中国版本图书馆 CIP 数据核字(2017)第 119254 号

责任编辑:武洋洋　　　　责任印制:储志伟

中国纺织出版社出版发行
地址:北京市朝阳区百子湾东里 A407 号楼　　邮政编码:10012
销售电话:010－67004422　　传真:010－87155801
http://www.c－textilep.com
E－mail:faxing@ e－textilep.com
中国纺织出版社天猫旗舰店
官方微博 http://www.weibo.com/2119887771
北京市金木堂数码科技有限公司印刷　　各地新华书店经销
2018 年 3 月第 1 版　　2022年1月第11次印刷
开本:710×1000　1/16　　印张:13.375
字数:242 千字　　定价:66.50 元

前　言

如今，产品创新设计被人们视为是一种现代制造业与创新创意高度集成的“智慧产业”，成为产业升级转型的重要推动力。实际上，它是一个十分复杂、广泛的过程，涉及诸如市场开发、工业设计、设计管理等专业领域。

虽然国内外诸多学者都在产品创新设计方面做了深入研究，但是这并不意味着再无研究的空间。为了在一定程度上推动产品创新设计的发展，填补产品创新设计与表现方面的空白，作者撰写了本书。

本书共分七章，其中第四章、第五章为沈阳工学院李硕老师所撰写。本书第一章主要围绕产品设计进行大致阐述，包括产品设计的概念、发展沿革、理论、方法等内容；第二章对产品设计的类别与表现进行了具体探讨，内容包括餐饮和日用品产品设计表现，箱包和运动鞋产品设计表现，家具和电子产品设计表现，家用电器和旅游纪念品产品设计表现，绿色产品和公共产品设计表现；第三章侧重阐述产品设计的流程，内容包括产品设计的提出，市场调研，构思、定位分析，工艺设计；第四章主要围绕产品设计的创造力进行具体阐述，内容包括产品设计创造力的产生条件、特征分析、重要性分析以及构成要素探析；第五章对创新设计思维做出了一番探讨，内容包括创新·创造力思维，创新设计思维的三要素、影响因素、种类，以及主要创造性技法；第六章重点讨论了产品创新设计的内容，包括产品设计要素的创新，产品设计方式的创新；第七章作为本书的最后一章，对产品创新的设计实例进行了分析，包括国内外优秀产品创新设计实例分析，“改变型”设计实例分析，“重组型”设计实例分析等内容。

从大体上来讲，本书内容翔实，逻辑清晰，与时俱进，理论性较强，力图从基本概念出发建立基本理论体系，同时结合一些最新的设计实例，以激发读者的阅读兴趣，增强读者对产品创新设计与表现的全面认识和理解。

本书是在参考大量文献的基础上，结合作者多年的教学与研究经验撰写而成的。在本书的撰写过程中，作者得到了许多专家学者的帮助，在这里表示真诚的感谢。另外，由于作者的水平有限，虽然经过了反复的修改，但是书中仍然不免会有疏漏与不足，恳请广大读者给予批评与指正。

作者

2017 年 6 月

目　录

第一章　产品设计概述

日前，工业经济快速发展，产品设计越来越受设计师和消费者关注，可以说，高度综合的产品设计专业是一门综合性学科。

第一节　产品设计的概念及其发展沿革

一、产品设计的概念

“产品”一词内涵丰富，一般指物质生产领域的劳动者所创造的物质资料。对于“产品设计”的概念来说，首先要理解“产品”的概念。

（一）产品

产品不仅有广义的和狭义的概念，同时还有不同的产品类型，如核心产品、形式产品等。

1. 狭义概念

“产品”是生产出来的物品，有狭义和广义两个解释，狭义的产品被理解为“被生产出来的物体”，能提供某种用途，具有实际效用。在很长时间内，设计产品只注意品质而忽视消费者需求。如20世纪初，福特汽车公司创造世界上第一条流水线，生产效率急剧提高，成本迅速下降。但进一步提出设计不同颜色的汽车时，却没有获得公司认可，因此大多数人都认为是汽车的实际效用大于颜色的共用（图1-1-1）。

图1-1-1　福特汽车

2. 广义概念

广义的产品概念指一切能满足消费者利益和欲望的物质产品和服务，20世纪60年起，生产日益科学高速化，企业逐渐摆脱传统产品概念束缚，通过各个方面的创新，来创造竞争优势，大大扩大产品概念，使产品成为具有一定的使用价值、能够满足人们的物质需要或精神需要的劳动成果。

3. 核心产品

核心产品是产品整体概念中最实质的层次，是指整体产品提供给购买者的直接利益和效用，是消费者需求的中心。由于产品的基本效用，因此能够获得某种利益或欲望的满足。例如，韩国谜尚品牌BB霜，就以其良好的性能风靡世界，这就是产品获得认可的核心。

4. 形式产品

形式产品是指产品在市场上出现的物质实体外形，包括产品的品质、特征、造型、商标和包装等。相同效用的产品有不同的表现形态，因此，在进行产品设计时，要重视用户核心利益，以独特的形式吸引消费者。

5. 延伸产品

延伸产品是指整体产品提供给顾客的一系列附加利益，包括运送、安装、维修等一系列的服务好处。例如，谜尚品牌除了核心产品外，还设立专柜售后服务等延伸产品，使消费者获得更多附加利益。由此可见，延伸产品在市场竞争中起着越来越重要的作用。

（二）产品设计

在现代社会下，产品设计是为满足人们日益增长的物质、精神文化需要应运而生的。是指从确定产品设计任务书起到确定产品结构为止的一系列技术工作的准备和管理，从而实现机能和美的统一，进而达到满足现代人类生理和心理的需求，进一步为人们创造一个美好的生活环境，提供一个新的生活模式，并最终促进人与产品的和谐发展。

产品设计集科学和艺术为一体，是一门综合性的多边学科，运用创造性设计思维，融合多学科的综合产物。产品设计意义重大，如果没有好的产品设计，那么生产时就将耗费大量费用进行调整。因此，好的产品设计，不仅在功能上表现出优越性，而且更能增强综合竞争力。

（三）分类

产品设计的分类能更好地了解属性相同的产品，在生产中有利于指导产品设计，从而能更好地把握产品设计目标。

1. 按行业分

产品设计可分为重工业产品与轻工业产品。

（1）重工业

重工业是为国民经济各部门提供物质技术基础的主要生产资料的工业。与之相对应，重工业产品是在一定程度上，能够为人们提供物质生产资料而进行生产的产品，如机床和发电机等。

（2）轻工业

轻工业是提供生活消费品和制作手工工具的工业，包括食品、造纸、家电等，共计四十五个行业，涵盖生活各个方面，能够满足人民物质文化生活水平。轻工业产品种类繁多，内容广泛。

2. 按使用领域分

按照使用领域分类，可以分为生产性产品、工作性产品和生活性产品三类。

（1）生产性产品

生产性产品帮助人们生产产品。如雕刻机（图 1－1－2）就是通过电脑控制将各种造型的花纹、图案、文字雕琢成型，它广泛应用于广告业、工艺业、模具业等多个行业。

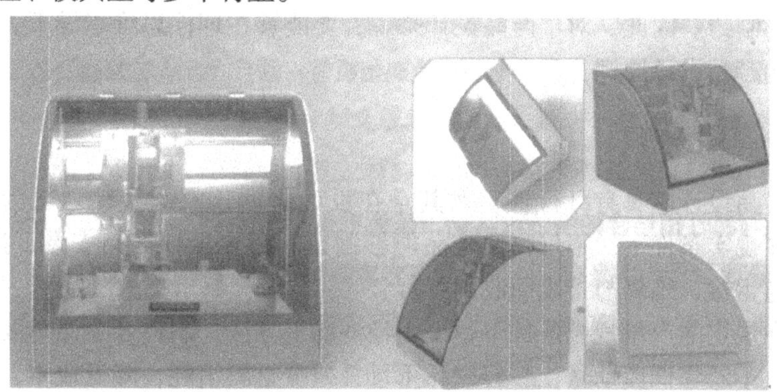

图 1－1－2　雕刻机外形设计

（2）工作性产品

工作性产品是帮助人们工作的产品。如听诊器、计算器、验钞仪、手写板等都是这一类的产品（图1－1－3）。

图1－1－3　听诊器、计算器和手写板

（3）生活性产品

生活性产品用来帮助人日常生活与学习，如家用电器、厨具、剃须器、写字笔、汽车等都是这一类产品（图1－1－4）。

图1－1－4　健身自行车

（四）基本原则

产品设计是综合性的创造，不仅受工业制造技术的限制，而且受经济条件的制约。因此，对于产品设计来说，要能够在理性思维指导下，遵循相应的产品设计原则。

1. 可行原则

产品设计应具有可行性，尤其是在设计之后，由产品计划转为商品后，在现实条件下，不仅要使产品能够制造，还要保证产品安装、拆卸、包装与运输、维修与报废回收的可行。

在规定的产量规模条件下，采用经济加工方法，制造合乎质量要求的产品。不断降低劳动量，减轻产品重量，减少材料消耗，降低成本，提高可行性。

2. 经济效益原则

经济效益原则是指对设计与制造成本的控制。设计决定成型工艺、材料、表面涂饰工艺和生产过程的成本。在设计产品结构时，一方面要考虑产品的功能、质量，另一方面要顾及材料经济性。

其次，经济原则不能仅仅降低产品生产成本，还要注重其造型效果、质量水准和性能水准，在设计中解决顾客所关心的各种问题，节约能源和原材料，降低成本。

3. 美观原则

审美是人与生俱来的特性，美观是产品精神的体现，目前，经济高度发展，供过于求的背景下，美观逐渐成为产品的重要特征。因此，对于设计师来说，就要通过设计美的产品，吸引消费者，提升附加值和产品市场竞争力。

4. 创新原则

历史是不断创新的历史，因此，创新是产品设计的关键。尤其是在现代经济社会，物质的高度丰富和市场竞争的日益激烈，使得产品必须以创新占领市场，从而更好的满足人们不断增长的消费心理需求。

产品设计创新要在功能上有所提升，在设计中出现新组合，采用新材料、新技术，从而满足社会发展需要，加速技术进步，进一步填补设计技术空白。

5. 使用优先原则

新产品要取得经济效益，必须从用户需要出发，充分满足使用优先原则。设计产品时，注意使用安全性，对不安全因素采取有效措施，考虑产品人机工程性能，改善使用条件。

6. 环保原则

环保原则是产品设计考虑产品再制造中的要求，其要求是消耗最低，污染最低，能够报废后可利用回收，随着人类社会的不断发展，环保产品逐渐成为新时代产品设计界的新宠，影响人们的生活。环保产品十分注重产品的生命周期。

二、产品设计的发展历程

文明的发展推动人类的设计活动的发展，在历史发展长河中，人类设计活动历史分为萌芽阶段、手工艺设计阶段和现代工业设计三个阶段。

（一）萌芽阶段

设计的萌芽阶段从旧石器时代到新石器时代。远祖时代，人类生存环境残酷，遭受洪水、严寒等自然灾害威胁，野兽的袭击也是常有的事情。因此，人类最早的设计工作是在威胁中产生，设计在某种意义上是为保护生命安全展开。

因此，由于与生命相关，这一时期的产品设计大都是成功的。一旦有失误，也会被马上得到纠正。可以说，经过无数次修改，早期人类设计已有很高的水平。例如，世界上最早的石器（图 1－1－5）距今300 万～50 万年，是在非洲的坦桑尼亚发现的，受技术材料所限，这类工具比较粗糙。新石器时代后，人们把经过选择的石头打制成各种工具，并加以磨光，使其工整锋利，钻孔穿绳提高实用价值。

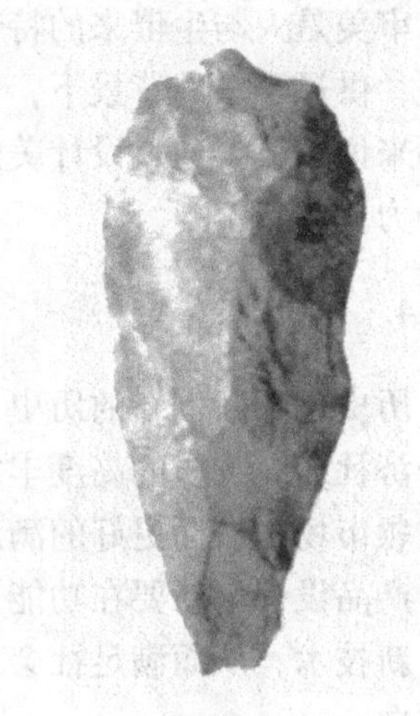

图 1－1－5　世界上最早的石器

再如图 1－1－6 是澳大利亚西北部发现的新石器时代的石质矛头，工具体现了一定程度的标准化，做工精细美观，具有物质精神双重作用，适应生产生活需要。

图 1－1－6　新石器时代石质矛头

（二）手工艺阶段

距今约七八千年前一直到工业革命前是手工艺阶段，这一时期的设计产品大都功能简单，依靠手工劳动，以个人或封闭式小作坊为单位，设计者态度负责，由此产生了优秀作品。

数千年发展历程中，人类创造光辉灿烂的手工艺设计文明，不同地区形成特色鲜明的设计传统，留下了无数杰作。

1. 中国手工艺设计

（1）陶器

陶器标志着人类开始改变材料特性，开启手工艺设计阶段，是人类第一次运用和改变物质性质的生产活动，改变了人们的生存、生活方式。陶器用黏土或陶土制成，是一种古老的生活用品，早期产品简单粗糙，指法包括手捏法、盘筑法、轮制法。著名的如仰韶彩陶（图1－1－7）、龙山黑陶（图1－1－8）、泥质灰陶（图1－1－9）和几何印纹陶（图1－1－10）。

图1－1－7 仰韶彩陶

图1－1－8 龙山黑陶

图1－1－9 泥质灰陶

图1－1－10 几何印纹陶

当时，由于人类生活和劳动需要，所以产品功能在设计中起决定作用。目前，常见的陶器有盆、瓶、罐、瓮、鼎等。在分类上，由于功能的不同，往往器型也发生多种变化，如鬲（图1－1－11）就是陶器中最常见的煮食器皿，它源于生活实用，能够在使用中扩大受热面积，缩短时间，底盘稳定，使用方便。

图1－1－11　鬲

除基本功能外，陶器还通过纹样表现出器物精神，其中，装饰图案多采用几何纹，如水涡纹（图1－1－12），还有大量的鱼纹（图1－1－13）、蛙纹（图1－1－14）、植物、花朵图案等。

图1－1－12　水涡纹

图1－1－13　鱼纹

图1－1－14　蛙纹

（2）青铜器

青铜器由青铜合金制成，制作精美，在世界上享有极高的声誉，代表中国手工艺产品的优秀水平，青铜器制作方法多样，根据用途的不同，一般分为食器、酒器、水器、乐器、兵器以及生活日用器皿。青铜器上有诸多纹饰，最常见的纹饰有云纹、雷纹、饕餮纹（图1－1－15）、圆圈纹等。

图1－1－15　饕餮纹

汉代以后，青铜器渐渐向生活日用器皿方面发展，如铜镜（图1－1－16）、铜灯等，其中，金工虹管灯的设计水平极高，还有长信宫灯（图1－1－17）的神态恬静优雅，设计巧妙，优美实用。

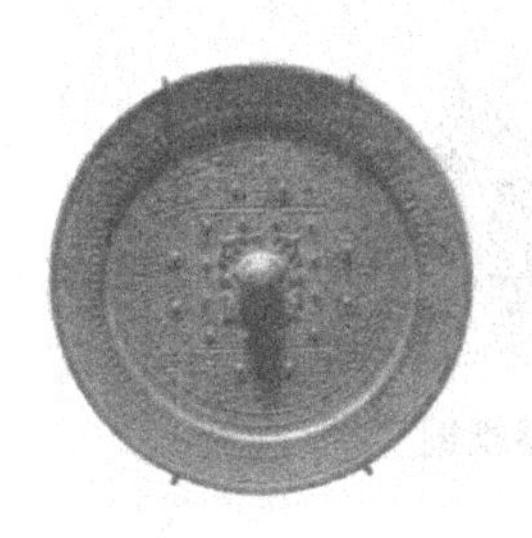

图1－1－16　铜镜

图1－1－17　长信宫灯

此外，还有彩绘雁鱼灯（图1－1－18）灯体可拆卸，两灯罩可自由转动，能调节灯光照射和防御来风，构思精巧别致。

图1－1－18　彩绘雁鱼灯

（3）漆器

漆器是指在各种器物表面上，用漆所涂制成的日常器具及工艺美术品。中国从新石器时代就认识到漆的性能，在汉代使用达到顶峰。随着时代发展，漆器的图案、构造也在不断变化着，如图 1－1－19 是我国长沙出土的双层九子漆奁，结构上下两层，形状多样，共有九个，设计中体现了高度的艺术价值一致性。

图 1－1－19　双层九子漆奁

漆器工艺复杂精细，艺术价值很高，再如中国传统漆器螺钿，工艺精细，装饰华丽，常用金银丝、片、屑作装饰，精致纤巧（图 1－1－20）。

图 1－1－20　漆器螺钿

（4）瓷器

瓷器由瓷石、高岭土等组成，外表施釉或彩绘，瓷器的设计与制造工艺世界闻名，并已逐渐成为“中国”的代名词。中国瓷器从陶器发展演变而来，制作流程完整，工序规范，器型丰富，如鼎、罐、壶（图 1－1－21）、瓶（图 1－1－22）杯、碗（图 1－1－23）、尊等。

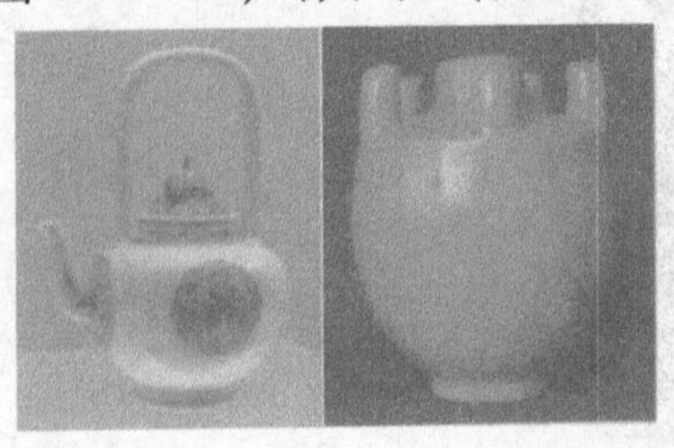

图 1－1－21　壶

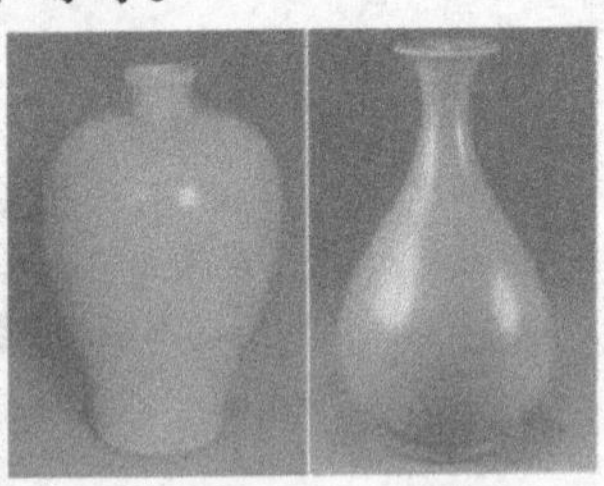

图 1－1－22　瓶

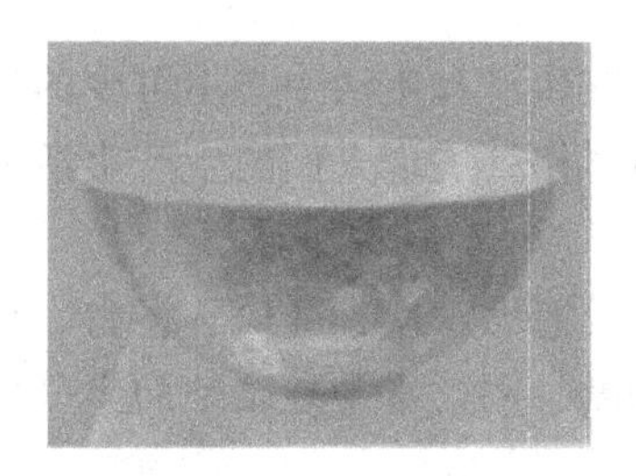

图1－1－23　碗

此外，我国瓷器的印花工艺也非常出名，刻有花纹的陶模，多用模压阳文，如图1－1－24就是宣德青花瓷胎，整体洁白细腻，深沉雅静，透出浓浓的自然美。文案多以龙纹、花卉纹等表示“龙凤呈祥”“岁寒三友”“年年有鱼”等吉祥内容为主。

图1－1－24　花纹

此外，发展到清朝时期，还出现了粉彩、珐琅（图1－1－25）等，青花五彩的种类也逐渐增多，可以说，这一时期中国瓷器达到顶峰。

图1－1－25　珐琅彩

（5）家具

家具是维持生活，在生产和生活中必不可少的器具，中国家具设计通过劳动创造，形成独特风格，展现人们的生产生活习俗、思想感情和审美情趣等。

我国古代的家具主要有席、床、屏风、镜台、桌、椅、柜等。古人室内多以床为主，地面铺席，因此常常是席地而坐（图1－1－26）。

图1－1－26　席地而坐

后来，在家具中又陆续出现了屏（图1－1－27）、几（图1－1－28）、案、盒（图1－1－29）等多样的家具。后来，随着凳、桌出现，胡床又慢慢进入中原地带，再到元、明、清各代，对家具的生产、设计要求，又更加精益求精，可以说，这时传统家具已达到发展的全盛时期。

图1－1－27　屏

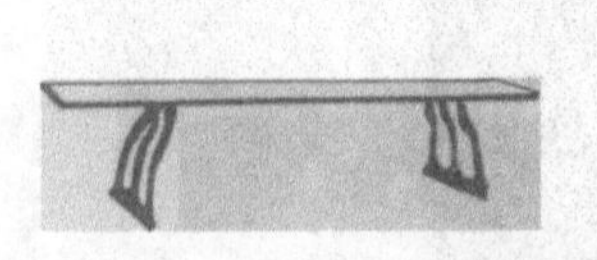

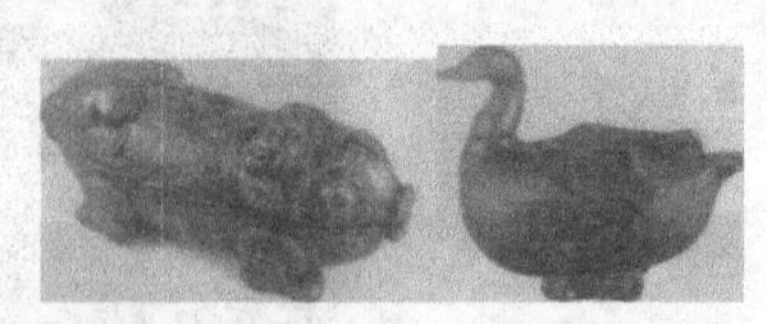

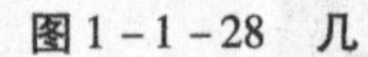

图1－1－28　几　　图1－1－29　盒

此外，明代家具发展繁盛，其造型有严格的比例关系，不仅有局部与局部的比例，还有装饰与整体的比例，匀称协调。如椅子（图1－1－30）和桌子（图1－1－31）等家具，在设计中就要做到匀称协调，整体感觉要使得各个部件挺拔秀丽，刚柔相济，典雅大方。

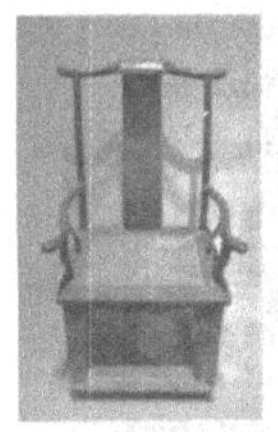

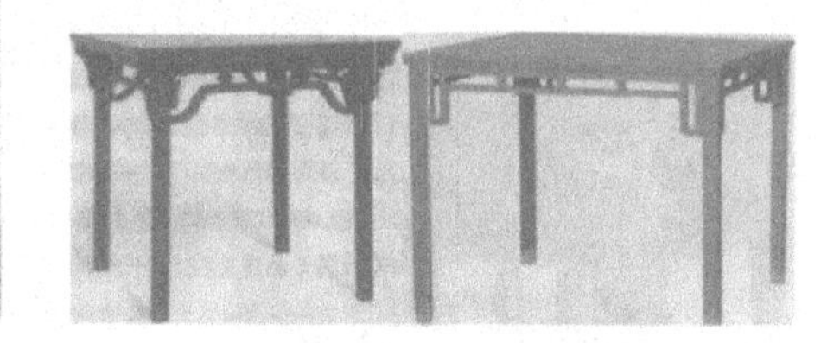

图1－1－30　明代椅子　　　　图1－1－31　明代桌子

不仅如此，明代家具装饰手法多样，雕、镂、嵌等手法均有所用。用材也广泛，有珐琅、螺钿、竹、牙、玉、石等等，在设计中，往往会根据整体要求，作局部装饰。如在椅背（图1－1－32）上，做小面积的透雕或镶嵌，从而使得整体得体美观。

图1－1－32　椅背

2. 外国手工艺设计

（1）古埃及

古埃及是手工业时代最发达的文明地区，它的金属工艺、饰品、家具等有其独具风貌的文化形态。其中，黄金珠宝艺术品代表古埃及人的美学观念，有很深的文化内涵，而且，那时古埃及人掌握了冶煤油金属技术，尽管铜器造型简单，质地粗糙，但比例协调，具有形式美感。如黄金扇形饰板（图1－1－33）、黄金短剑与鞘（图1－1－34）都显示了古埃及精湛的黄金制造工艺。

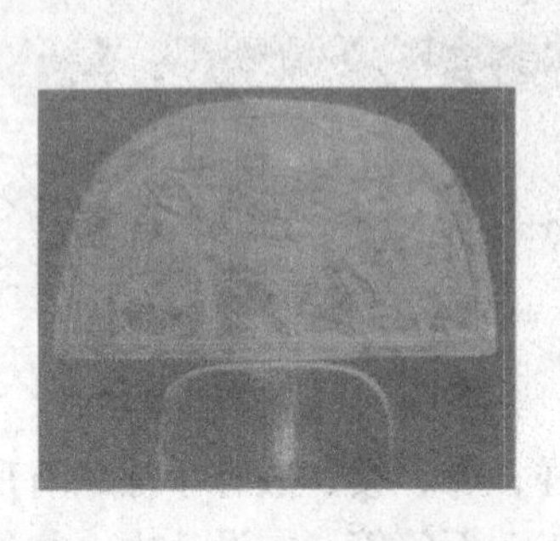

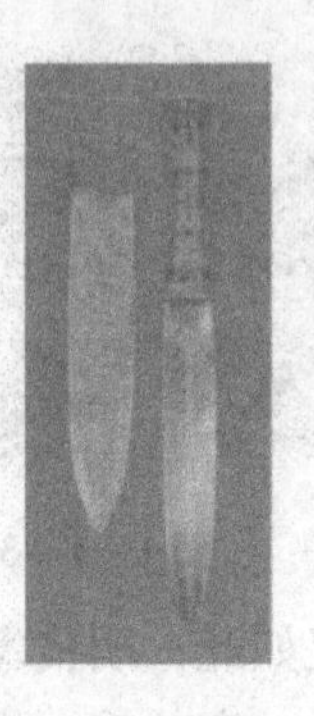

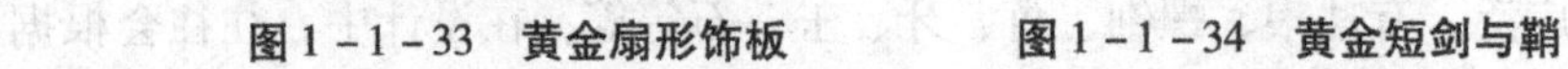

图 1-1-33　黄金扇形饰板　　　　图 1-1-34　黄金短剑与鞘

此外，古埃及的金属工艺发展明显，如古埃及金字塔中的装饰品金冠神鹰（图 1-1-35），就可以算是金属工艺作品中的极品，造型别致，装饰新颖。

图 1-1-35　金冠神鹰

不仅如此，古埃及的饰品设计也格外引人瞩目。古埃及人喜欢佩戴首饰，也常常在绘画中画首饰。对于首饰来说，其制作材料有金、银、宝石、玉石、铜、贝壳等。而且不同的颜色的首饰，蕴含着不同的象征意义。用不同材料加工成的首饰主要有护身符、头带、耳坠、耳环、戒指、胸饰（图 1-1-36）等。

图 1－1－36　胸饰

古埃及的家具结构有复杂的榫接，并辅以皮带条绷制技术和兽皮蒙面技术，常常在表面装饰最常见的雕刻和镶嵌（图 1－1－37）。形象有狮首、兽足、太阳神等，反映古埃及多神崇拜和人神同形。

图1－1－37　法老王座

（2）古希腊、古罗马

古希腊留存下来的手工制品多是陶器和家具设计品，独具实用和审美意义，有东方风格、黑绘风格、红绘风格三种。其中，东方风格（图1－1－38）主要以动植物装饰纹样为主，加以图案化；黑绘风格（图1－1－39）常用特殊的黑漆描绘人物和装饰纹样；红绘风格（图1－1－40）即陶器上所画的人物、动物等图案皆用红色，发挥线条表现力。

图 1－1－38　东方风格

图 1－1－39　黑绘风格

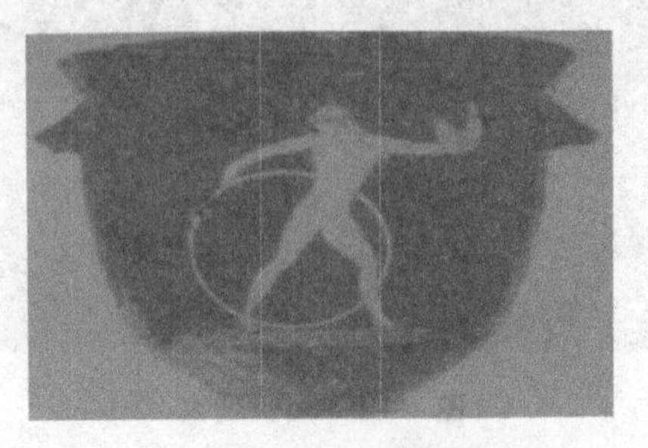

图1-1-40 红绘风格

此外，古希腊家具种类主要有椅、桌、凳、床等。造型轻盈简洁，常用月桂、葡萄等作纹样，用金银做镶嵌。对于古希腊家具来说，其中最杰出的是克里斯姆斯靠椅（图1-1-41）。

图1-1-41 克里斯姆斯靠椅

古罗马继承古希腊设计，并进一步进行发展。但依旧没有脱离古希腊的影响，尤其是三脚的青铜鼎（图1-1-42）依旧保持明显的希腊风格，带有威严之感。

图1-1-42 三脚青铜鼎

（3）中世纪

中世纪的设计风格主要是哥特式风格，对手工艺制品尤其是家具产生了重大影响。哥特式又称高直式，垂直向上、饰以尖拱和高尖塔的形象，为设计特点，如沙特尔大教堂（图1－1－43）就是哥特建筑的典型代表。

图1－1－43　沙特尔大教堂

再如图1－1－44是哥特式的椅子，整体的风格也体现出垂直向上、尖拱高尖塔的形象。

图1－1－44　哥特式椅子

（4）文艺复兴

文艺复兴的设计风格主要有巴洛克式和洛可可式。巴洛克风格于16、17世纪开始流行，其主要流行地区是意大利。风格追求反常出奇、标新立异，突破了古典艺术的常规。

巴洛克式家具的最主要特征是用扭曲的腿部来代替方木或旋木的腿。打破稳定感，产生运动错觉。后来的巴洛克式家具，在动态中呈现出一种热情奔放的激情。如图1－1－45就是巴洛克风格的烛台设计。

图1－1－45　巴洛克风格烛台

洛可可盛行于18世纪法国，主要体现于建筑的室内装饰和家具等设计领域的艺术风格，纤细、轻巧的造型，华丽、繁琐的装饰，强调不对称。带有自然主义的倾向。

（三）现代工业设计阶段

1. 工艺美术运动

工艺美术运动起源于19世纪下半叶运动强调手工艺生产，反对机械化生产，反对矫揉造作的风格，提倡哥特风格和其他中世纪风格，追求简单、朴实；主张设计诚实，反对华而不实；提倡自然主义。

工艺美术运动首先提出“美与技术结合”的原则，设计强调师承自然，忠实于材料，创造朴素而适用的作品。这一时期家具设计的代表人物是威廉·莫里斯，他反复强调设计的基本原则，也就是产品设计和建筑设计是为人服务的，设计工作必须是集体活动。

在设计中，他将程式化的自然图案、手工艺制作、社会观念和视觉上的简洁融合在一起。强调形式和功能，在设计中自行设计产品并组织生产（图1－1－46）。

图1－1－46　莫里斯商行生产的木椅

家具设计的另一位典型代表人物是查尔斯·沃赛，设计风格简单朴实，更接近务大众的精神实质。设计多选用英国橡木，作品造型简练、结实大方，带有哥特式意味（图1－1－47）。

图1－1－47　橡木椅

此外，工艺美术运动的室内制品设计很引人注目，以阿什比为代表的金属器皿的设计尤为出色。他的金属器皿设计一般用榔头锻打成形，饰以宝石，在他的设计中，往往采用各种纤细、起伏的线条（图1－1－48）。

图1-1-48 阿什比设计水具

此外，德莱赛也设计了一套镶有银边的玻璃水具（图1-1-49），造型优美简约，不追求繁杂，细节，侧重产品造型，不重视表面装饰(图1-1-50)，易于生产。

图1-1-49 玻璃水具

图1-1-50 水罐

2. 新艺术运动

新艺术运动流行于19世纪末和20世纪初，标志着由古典传统走向现代运动的过渡，影响深远。它推崇艺术与技术紧密结合，推崇精工制作的手工艺，设计、制作美观实用，设计理念表现出“回归自然”，往往以植物、花卉和昆虫作为装饰图案，以抽象曲线作为装饰纹样，富于动感韵律、细腻优雅。

(1) 法国

这一时期法国的典型代表作有吉玛德设计的咖啡几（图1-1-51）和盖勒的蝴蝶床（图1-1-52)、玻璃花瓶（图1-1-53）及其他家具(图1-1-54)。对于吉玛德设计的产品来说，通常源于自然形式，用抽象线条勾勒出自然特征。

图1－1－51　咖啡几

图1－1－52　蝴蝶床

图1－1－53　玻璃花瓶

图1－1－54　新艺术风格家具

（2）德国

德国“青年风格”的艺术设计，蜿蜒的曲线因素受到节制，转变成几何形式的构图。其中，雷迈斯克米德是代表人物，他于1900年设计的餐具（图1－1－55）标志着对传统的突破和重新思考。

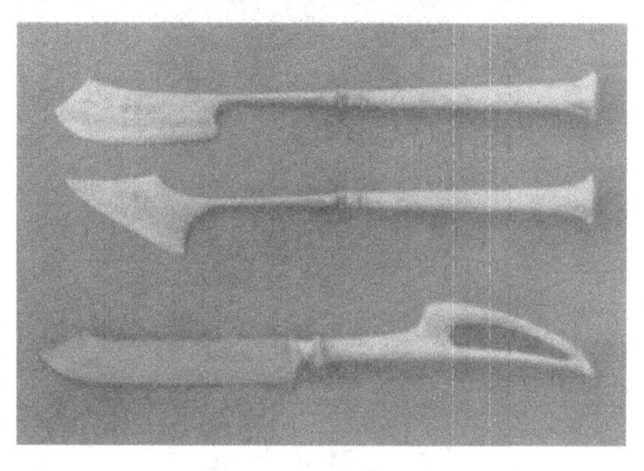

图1－1－55　餐具

此外，著名设计师贝伦斯也是“青年风格”的代表人物，早期平面设计受日本水印木刻的影响，多用荷花、蝴蝶等象征美的自然形象，后来逐渐趋于几何形式，逐渐走向理性。

（3）奥地利

奥地利新艺术运动产生了“维也纳分离派”，主张艺术自由，在设计方面，重视功能，选择几何形式与有机形式相结合的造型设计，表现时代特征，在设计中强调运用几何形状，独具特色。

其中，霍夫曼是维也纳分离派的核心人物。1909 年设计的镀银咖啡具（图 1－1－56）造型和处理都模仿机器制品，预示着机器美学的到来。在设计中，他重视功能和实用原则。

图 1－1－56　镀银咖啡具

此外，维也纳生产同盟的金属器皿也颇有名气，1905 年霍夫曼设计的银质花篮（图 1－1－57）参用完整的水平、垂直线，以网格的形式诠释了产品设计的几何美。

图 1－1－57　银质花篮

（4）苏格兰

马金托什是英国最重要的产品设计师和建筑师。他主张直线简单的几何造型，主张黑白色中性色计划。在设计中为机械化、批量化、工业化的形式奠定了基础，代表作品有“高背椅子”（图1－1－58），黑色高背造型，造型夸张。

图1－1－58　“高背椅子”

3. 装饰艺术运动

（1）首饰设计

首饰设计崇尚几何线条的装饰艺术，重视蜿蜒流动的线条、鲜活华美的色彩，以优美的自然活力，向工业化进行着最后的宣战。首饰设计的代表人物是法国设计师雷诺。其蜻蜓胸饰（图1－1－59），是最具代表性的首饰。他发掘每一个细微之处，探索自然界中的元素，体现对自然的热爱。

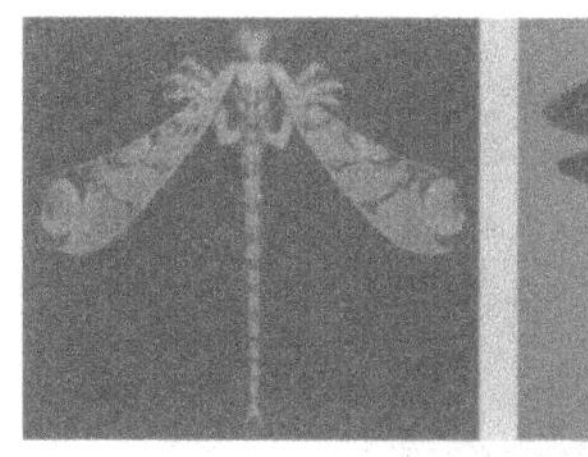
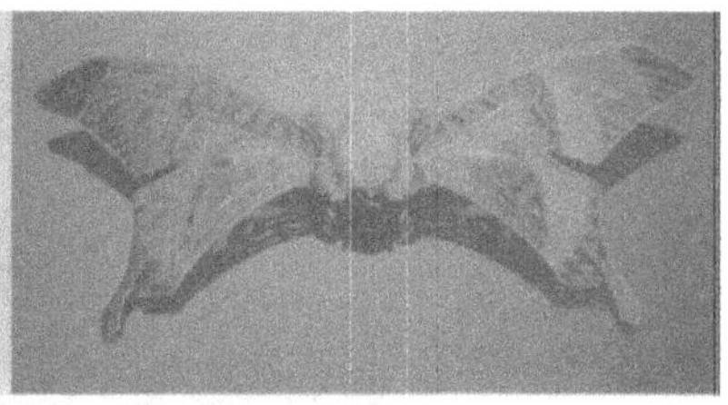

图1－1－59　蜻蜓胸饰

此外，在他的首饰设计中，昆虫重新回归美之主题，展示鲜为人知的魅力。他善于捕捉精美与微妙的细节，在设计中擅长于探寻如何创作灵性的杰作（图 1－1－60）。

图 1－1－60　雷诺设计

（2）家具设计

家具设计主要表现在法国。这一时期的家具设计造型简单，明快的几何线条与复杂的表面装饰形成对比。常利用纺织品进行创造，侧重于富丽的材料和豪华的装饰，代表人物有鲁赫尔曼，他的设计中常用象牙作为镶嵌和实用配件，有时也加上银板以增强装饰效果（图 1－1－61）。此外，他在造型设计上，常用简单明快的几何外形与复杂的表面装饰形成强烈对比，从而取得一种特殊的视觉效果。

图 1－1－61　鲁赫尔曼设计

此外，法国著名设计师格雷的家具设计也特别引人注目。他的设计注重豪华的装饰效果，色彩细腻稳健，效果精巧，是设计界的经典设计。如图 1－1－62 是他 1925 年设计的一款沙发，可看做是法国装饰艺术表现手法的典范。

图 1－1－62　沙发

(3) 陶瓷及其他

陶瓷设计的代表人物有艾米尔·德科尔、艾米尔·雷诺帕、雷尼·巴赫德等。其中，德科尔受到东方古代文明尤其是中国古典造型和上釉技术的启发，设计整套的餐具和中国风格的大碗（图1-1-63），造型简洁，采用单色釉。

图1-1-63 陶瓷大碗

艾米尔·雷诺帕则利用陶瓷设计出石器类的餐具（图1-1-64）。在设计中以中国传统陶瓷造型为蓝本，装饰手法以中国传统装饰手法为主，其题材和纹样大多数运用植物纹样，风格典雅。

图1-1-64 艾米尔·雷诺帕设计

与前两者相比，雷尼·巴赫德则比较重视采用装饰运动的一些设计手法来装饰陶瓷（图1-1-65）。如采用手绘的方式来进行装点，这设计中呈现出绚烂而优美的自然之美。

图1-1-65 雷尼·巴赫德设计

此外，在这一运动中，玻璃（图1-1-66）和金属制品（图1-1-67）也得到了发展。装饰艺术风格有了突出体现。在作品中常采用动物、鱼、昆虫、女人体或者花、草等来装饰。

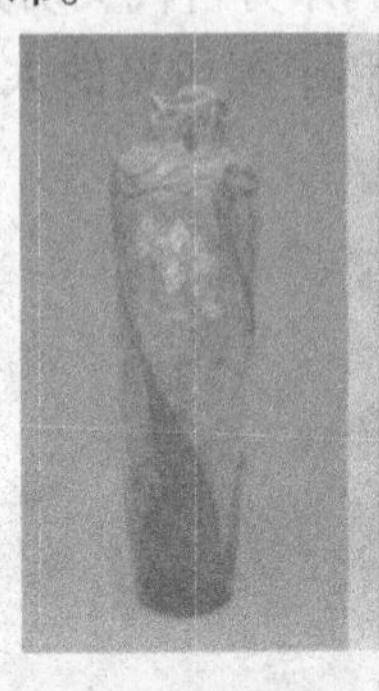
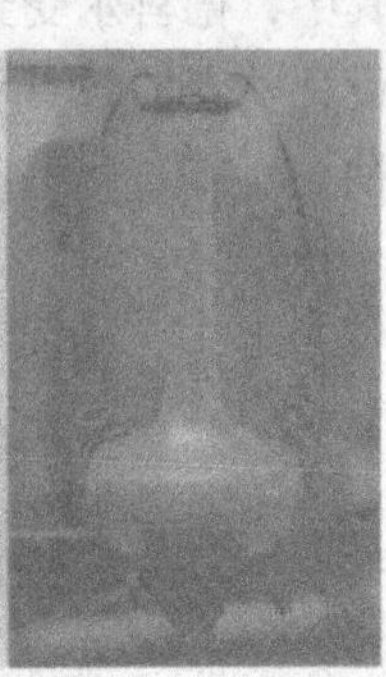

图1-1-66　玻璃制品

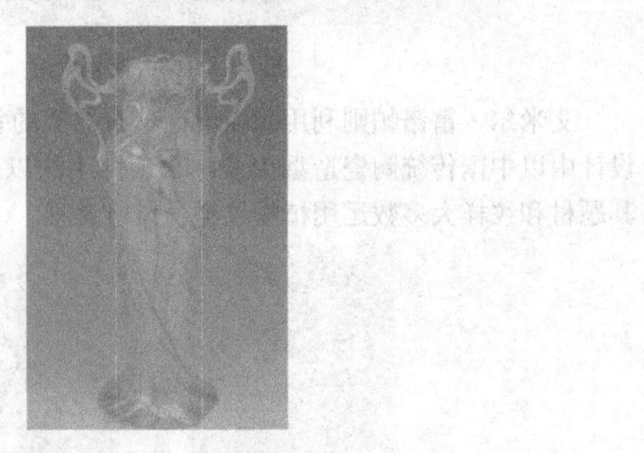

图1-1-67　金属制品

总之，这一时期的装饰艺术运动，往往表现出东西方艺术样式的结合、体现人情味与机械美的内涵。

4. 现代主义设计

（1）德国

德国工业同盟是第一个设计组织，在理论与实践上为欧洲现代主义设计运动的兴起和发展奠定了基础。它们明确提出艺术、工业、手工艺相结合的主张，强调走官方路线，宣传功能主义，反对任何形式的装饰；主张标准化批量生产。

这一同盟的代表人物是彼得·贝伦斯，他为德国通用电气公司设计了世界上第一个企业形象设计，从功能出发，摈弃繁琐的装饰，强调简洁、功能的外形和结构。注重功能与表现，追求简约形式。如图1-1-68就是贝伦斯设计的餐盘，推陈出新，简洁明快。

图 1－1－68　餐盘

此外，他 1908 年设计的电风扇（图 1－1－69）朴素而实用，能够体现产品功能，在家居环境中用语言进行自我表达。

图 1－1－69　电风扇

（2）荷兰

荷兰风格派以荷兰为中心，常通过《风格》杂志来交流设计思想，他们将各种图形归结为最基本的几何结构单体，并进行组合，形成简单的结构和组合，在造型上强调非对称性，在色彩上重视基本原色和中性色。

蒙德里安是其代表人物，他利用艺术将生命升华，利用抽象造型与中性色彩来传达秩序与和平的理念。如图 1－1－70 使其代表作，对风格派的家具设计影响深远。

图1－1－70　蒙德里安绘画

此外，马斯·里特维尔德设计出著名的“红蓝椅”（图1－1－71），13根木条互相垂直，组成椅子的空间结构，各结构问用螺丝紧固，并且通过使用单纯明亮的色彩来强化结构，产生红色的靠背和蓝色的坐垫。

图1－1－71　红蓝椅

（3）包豪斯设计

包豪斯是德国“公立包豪斯学校”的简称，是世界现代设计的发源地，对世界艺术设计有巨大贡献，同时也是世界第一所发展设计教育而建立的学院。

在包豪斯艺术中，瓦西里椅（图1－1－72）曾经作为20世纪椅子的象征，是包豪斯典型代表作，由匈牙利设计师马歇·布劳耶设计，是世界上第一把钢管椅子，从材料和造型设计上都有很大的突破。

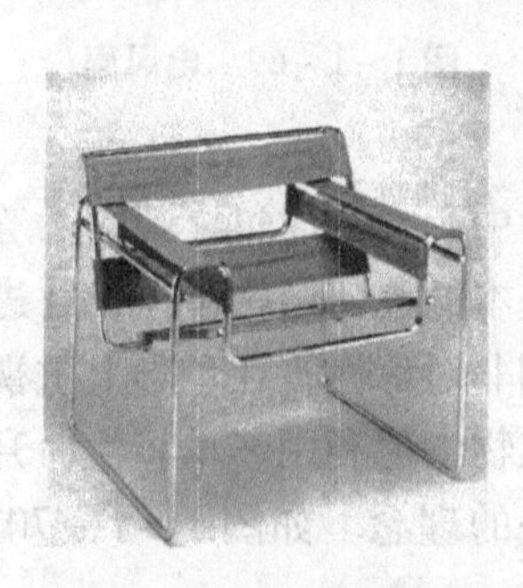

图1－1－72　瓦西里椅

此外，还有巴塞罗那椅（图1-1-73），也是包豪斯代表作。巴塞罗那椅是专门为巴塞罗那博览会德国馆设计的，除了舒适外，没有任何多余装饰。闪亮的金属条板是框架，这款产品其舒适性深受消费者喜爱。

图1-1-73　巴塞罗那椅

此外，布兰德的茶壶设计（图1-1-74）也是包豪斯的典型代表。布兰德是现代设计的重要人物，在设计中，她将新兴材料与传统材料相结合，设计了革新性与功能性并重的产品。

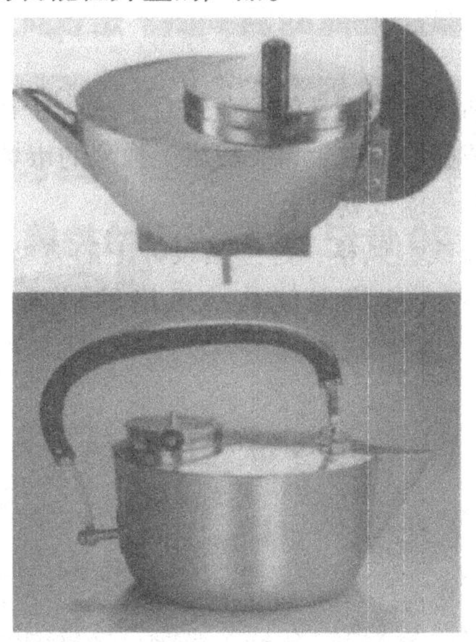

图1-1-74　布兰德的茶壶

还有华根菲尔德，也是包豪斯设计的代表人物，他设计了著名的镀铬钢管台灯（图1-1-75），在设计中遵循了包豪斯产品设计的原则，利用产品本身材料特性，突破工业设计之前的灯饰设计，成为设计史上实用性灯饰的开创者。

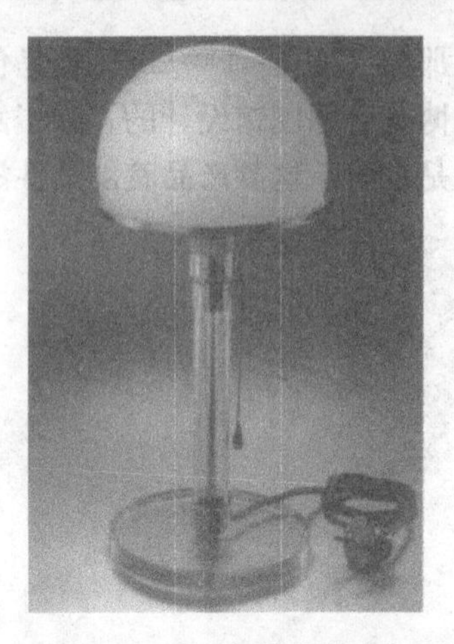

图1－1－75　镀铬钢管台灯

5. 工业设计

工业设计是继包豪斯之后，随着工业设计发展起来的，其主要目的是解决工业产品与人之间的关系。这一时期，设计理念走向科学化和理性化，成为一门新兴学科。

(1) 美国

美国设计运动沾满实用主义的商业气息。率先提出“形式追随市场”的概念，认为设计要能够促进销售。战后，强烈的市场竞争促发了美国工业设计，并取得了辉煌的成就。

在这一时期，流线型风格，是产品设计上的典型设计风格。美国20世纪30年代的经济大危机促使这一风格的形成，尤其是交通工具(图1－1－76)等早已蔚然成风。

图1－1－76　机车

在美国工业设计发展中，其典型代表人物有雷蒙·罗维、沃尔特·提格、亨利·德雷福斯。其中，雷蒙·罗维是美国著名的工业设计师，

1929 年，雷蒙·罗维开设自己的设计事务所，开始设计生涯。它的设计业务主要包括交通工具设计、工业产品设计、产品包装设计。设计具有强烈的人情味，领域广泛，其主要代表作有可口可乐设计（图 1－1－77）、灰狗汽车、克莱斯勒汽车等。

图 1－1－77　可口可乐

此外，沃尔特·提格是非常成功的平面设计家，他早在 20 世纪 20 年代中期就开始尝试产品设计。“柯达·名利牌”就是他为柯达公司设计的一款照相机，产品具有强烈的装饰性，有非常好的市场效应。此后，他又再接再厉设计出“班腾”相机（图 1－1－78）等，十分便携，外形简单，体积小，相当安全。

图 1－1－78　“班腾”相机

还有亨利·德雷福斯，也是美国有影响的设计艺术家之一。他的设计理念，是把产品的功能与人的生理结构有机结合起来，在他的一生中，其设计都与贝尔电话公司有着密切的联系，是影响现代电话形式的最重要设计师（图1-1-79）。

图1-1-79　电话机

（2）波普设计

20世纪60年代，波普设计，兴起于英国，并波及欧美，是一场风格前卫而又面向大众的设计运动。有大众化、通俗、流行之意。波普设计反映了当时西方社会中成长起来的青年一代的文化观、消费观及其反传统的思想意识和审美趣味。主张在设计中要打破艺术与生活的界线，打破一切传统审美观念。

波普设计大多在室内，进行大胆的探索和创新，表现出前所未有的形式，设计具有富于想象力的造型。挣脱了一切传统束缚，具有鲜明的时代特征。如穆多什设计了一种“用后即弃”的儿童椅（图1-1-80），就是用纸板折叠而成的新奇样式。

图1-1-80　儿童椅

还有其他设计师设计的“吹气椅子”（图1-1-81），也极受欧洲消费者青睐。

图1-1-81　吹气椅子

此外，设计师德·帕斯、杜尔比诺、罗马兹，还设计了扶手椅（图1－1－82）、“大草坪”椅（图1－1－83）。

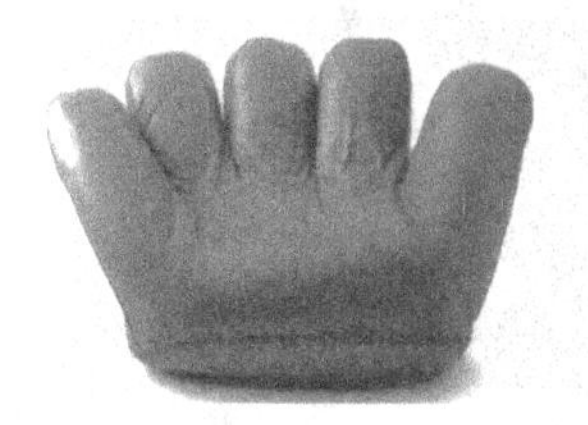

图1－1－82　扶手椅　　图1－1－83　“大草坪”椅

还有皮埃尔·柏林设计的“舌头椅”（图1－1－84）等，也个性鲜明、造型独特，深受人们喜爱。

图1－1－84　“舌头椅”

（3）斯堪的纳维亚设计

20世纪30～50年代，斯堪的纳维亚设计风格流行于世界，以北欧国家的设计为代表。它呈现出功能主义的风格，几何形式被柔化了，边角被光顺成波浪线，形式更富生气，成为当时欧美最流行的一种设计风格。

汉宁森是丹麦最杰出的设计师之一，他设计的PH灯（图1－1－85）获得极高的赞誉。灯罩优美典雅，线条流畅飘逸，整个作品都洋溢着浓郁的艺术气息。

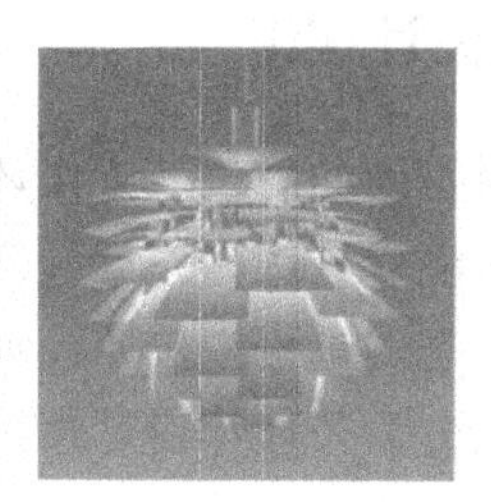

图1－1－85　PH灯

此外，阿纳·雅各布森也是丹麦现代设计的重要代表人物。他设计的家具以人体工程学的尺度为依据，将刻板的功能主义转变成优雅的形式。如图1－1－86中采用玻璃纤维设计的蛋形椅。

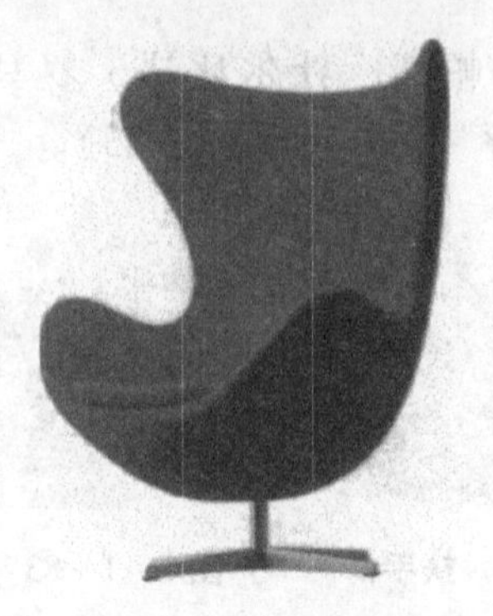

图 1－1－86　蛋形椅

此外，他设计的天鹅椅（图 1－1－87）也是著名的代表作，深受世人的喜爱。

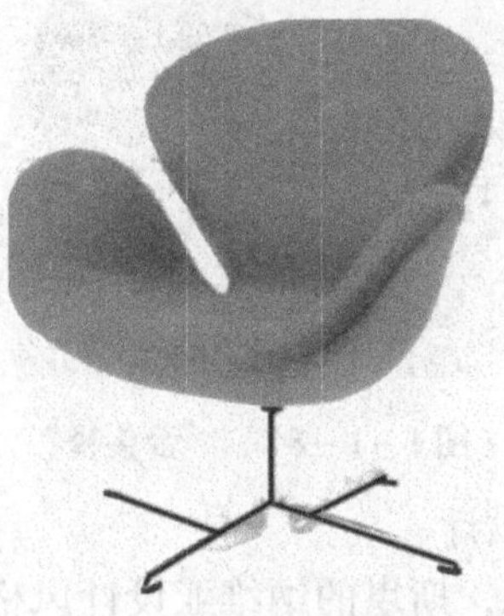

图 1－1－87　天鹅椅

第二节　产品设计的理论研究

一、产品设计理论

目前，针对不同的角色、工作环境和不同的需求，对于设计理论的研究来说，人工智能专家认为设计是问题求解的过程，是把产品由一种状态转换为另一种状态的过程。按照设计域、过程表达、学科领域，我们可以将产品设计理论分为公理化设计理论、一般设计理论和通用设计理论。

（一）公理化设计理论

由美国人提出的产品设计，聚焦于全局原理或公理，应用于产品设计过程中的决策。主要内容包括顾客域、功能域、物理域、工艺域等四个域和独立性公理、信息公理等两个公理。

在每一域中都有各自素，彼此间的参数之间具有映射关系，设计解必须遵循保持功能需求独立性的独立性原理（图1－2－1）。

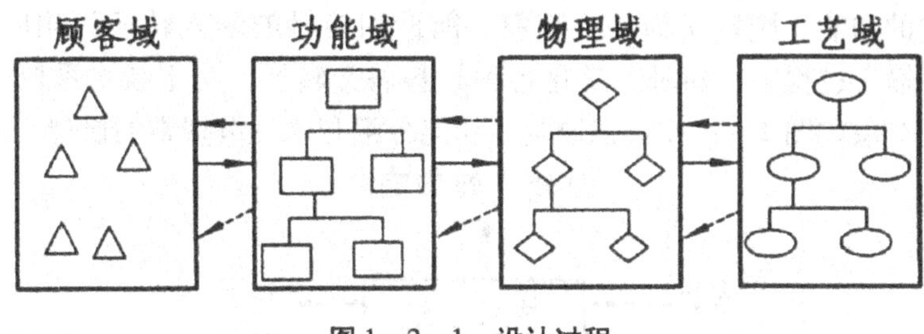

图1－2－1　设计过程

（二）一般设计理论

由日本东京大学提出，通过知识操作来实现，是一种对设计过程的数学表达，认为元素都能够被抽象为无二义表达，同时认定当设计规范被描述后，设计在功能空间和属性空间的映射立即被成功地终止，在其理论中，并行引入元模型空间作为一种过渡，反映出是一个逐步细化的过程。

（三）通用设计理论

在总结不同学科领域内设计的特点后，德国学者提出一种跨学科的通用设计理论 UDT，该理论将设计分为需求建模、产品功能建模、物理建模、详细设计四个阶段，通过不断改善和修正，实现设计过程的创新。

二、产品设计过程

对产品设计过程有不同的理解，通常，设计过程的本质就是对设计问题的求解，从信息转换的角度来讲，产品设计过程是将制成品转换为产品知识的过程，通常可划分为：描述性的设计过程、规范化的设计过程和可计算的设计过程。

（一）描述性设计过程

这一过程揭示了设计过程的本质。Yoshikawa 以公理集合为工具，提出“一般设计理论”，建立模型，把设计过程看成是一种空间映射。Simon 和 Dixon 则强调设计过程的动态抽象，Takeda 则进一步提出设计过程的进化模型，并在进化模型里将设计过程描述成空间进化过程。

（二）规范化设计过程

用系统观点，将产品作为设计对象并将其视为一个技术系统，同时，对于它的功能，则定义为是将物料、能量和信号的输入转换为相应的输出。在输入过程中，随时间变化各种材料展开转换，对于技术系统来说，其处理对象如图 1 –2 –2。强调基于功能分解和原理解搜索的设计步骤。

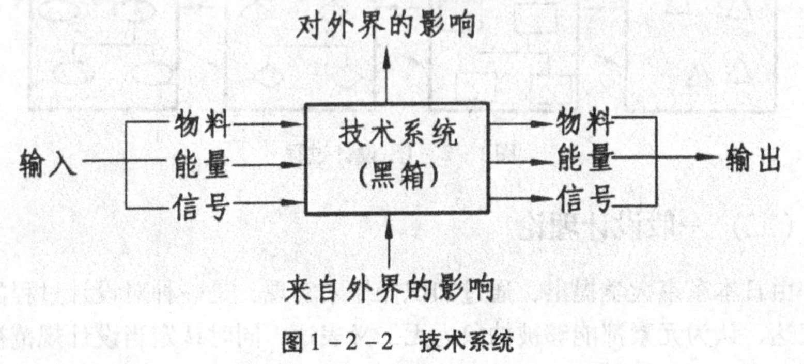

图 1 –2 –2　技术系统

（三）可计算设计过程

偏重于计算机可表达、可操作与可计算的产品设计过程理论，通过设计矩阵，将功能要求领域映射到设计参数领域，进而转变为定量的物理参数。从而提高产品质量和市场竞争能力。

三、产品设计求解

设计过程是对设计问题求解的过程，往往通过试错式搜索、经验规则指导搜索、科学分析和综合进行求解。在设计中，任何决策过程和设计解判定都是通过认可给定的初始条件，因此，在很大程度上依赖相关的问题语境和任务知识。

（一）基于知识本体的方法

知识表达是人工智能技术设计的基础，目前对知识的研究更多地偏向于理解和表达本体化。Poli 分析设计领域的相关特性，给出一个设计知识模型，并借助本体论加以表达，Kitamura 进而提出了功能本体的概念，建立了产品模型的功能结构框架，使功能知识应用到其他领域。Horvath 提出设计概念本体，用于很多不同的设计概念。Roche 则利用本体知识库的软件环境解释和消除工程和设计语义间的歧义。

（二）基于软计算的方法

软计算方法侧重于基因算法，是对自然选择进化过程进行模拟的随机算法，可降低人对设计过程主观影响的程度。能在设计过程中展开详细的研究，探讨各种相关问题。

其中，Poon 提出共同进化基因算法，通过组合基因法和分离空间法来实现。Dorst 等提出共同进化模型，并给出求解子空间。Zha 对设计过程中各个部分进行建模和描述。Erden 对概念设计阶段中的各个逻辑活动进行建模。AI－Hakim 等提出用图论的方法来对概念设计过程加以优化。Shait 等提出对工程系统进行图论描述，然后借助设计知识进行设计分析。

第三节 产品设计方法探讨

一、技法

产品设计技法是利用某种提示或引导，对设计者进行有目的性的启发，从而产生创新性思维，在设计中使用某一个特定的产品设计技法，整合多种设计途径，从而完成产品设计。

（一）重组

重组分为两种，一种是把不同类别产品的不同设计要素进行重组；另一种是将相同类别产品的相同设计要素进行重新组合。在重组过程中，要充分考虑方案可行性，考虑设计能否适应使用者需求。

重组不同类别产品的不同设计要素，是要改进产品，将设计要素分解，从中寻找适用的设计要素，进而改进产品的创新设计。例如录音电话分别将录音机的录音功能与电话机的通话功能进行重组，产生新产品(图 1－3－1)。

图 1－3－1　录音电话

此外将座椅与婴儿摇篮重组到一起，也能够使产品更加多样化(图1－3－2)。

图1－3－2 座椅与摇篮重组

还有在工具尺设计中，将圆规与量角器整合在一起，产生多功能直尺（图1－3－3)。

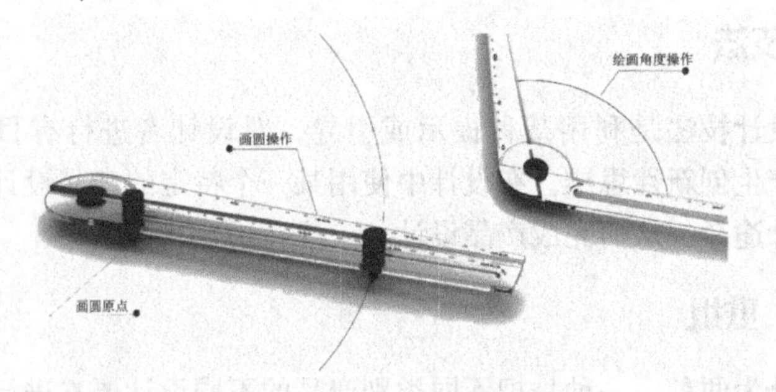

图1－3－3 多功能直尺

由此可见，不同产品的不同功能重组，会产生意想不到的效果。因此，在设计中就需要设计调研，保证设计的可实施性。此外，相同类别的产品设计中的重组则是指在同一类产品中，将各个产品的设计要素进行分解，然后在进行组合的过程。

如图1－3－4所示，相同类别的产品重组不局限于相同的设计要素之间，可以将不同要素进行重组，使产品更具特色。

图1－3－4 不同要素重组

（二）改变

改变主要是针对目标产品本身在局部或是整体上，做出设计要素的变化。常用的手法有增加和减少、放大和缩小、倒置等。

1. 增加与减少

增加现有产品的一些功能、肌理和色彩、气味等，会产生新的设计方案，增加新的经济成本（图1－3－5）。

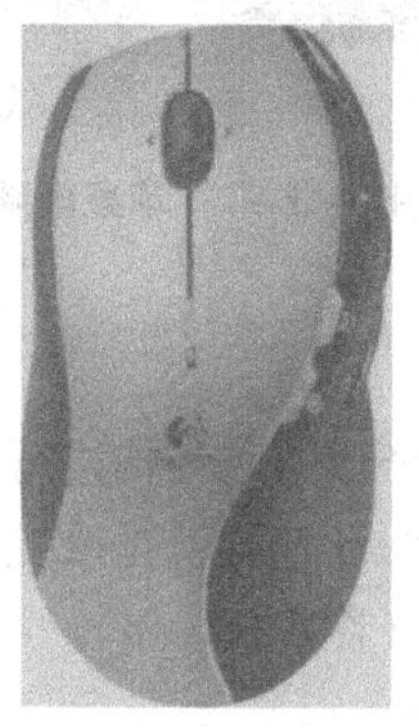

图1－3－5　左手鼠标

此外，对于减少来说，主要是指使用“绿色设计”的理念，对产品进行“减少”的设计。在设计中注重纯朴、简洁、环保、以人为本，如图1－3－6就是无印良品的设计。

图1－3－6　无印良品的设计

2. 放大和缩小

把产品进行形态上的加长、加宽、加厚、加大或缩短、减薄的处理，可以突显产品的特性。

通常，产品的放大和缩小建立在技术发展的基础上，例如苹果公司的电脑就是不断的超薄、微小型（图 1－3－7）。

图 1－3－7　苹果电脑

3. 倒置

把产品的某一个或者多个形态与结构进行位置的置换，从而产生新的设计思路。如市场上的手动榨汁杯，就是改变了榨汁部位的位置，将左右手操作部位的结构进行变换（图 1－3－8）。

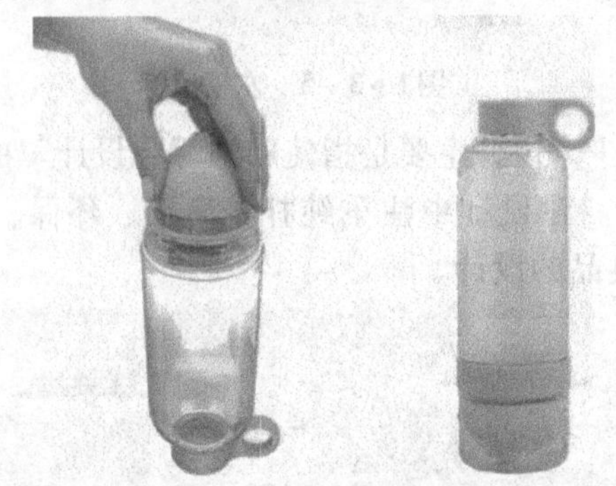

图 1－3－8　榨汁机

二、思考方法

在设计中，主要运用的思考方法是采用各种分析手段，把创新思维引向特定的目标。

（一）系统思考法

该方法是日本经营合理化中心的武知考夫提出的。对于这种方法来说，逻辑性很强，往往是以某一目标的实现为动力，从而进行不断地推进（图 1－3－9）。

步骤	内容
集中目标	深刻领会所要研究对象的真正目的，明确给予定义
广泛思考	发挥自由联想的效力，打破现有框框，提出多种新方案
搜索相似点	进一步发展提出的新方案，寻找各方案中的相似点，并用一个关键词给予恰当描述，针对此关键词进行强制联想，再次深化方案
系统化	把能实现同一功能的各种方案系统化，并逐一设法将这些方案应用到产品上
排队	将提出的方案按其价值的大小进行排列，予以选择和分析
具体化	将各个构思方案具体化，并与其他功能和需求研究的对象联系起来，以求整体方案的具体化
制定模式	在确定新方案细节问题的基础上制定模式，根据该模式选出能实现所需求功能的最有价值的具体化方案来作为决策提案

图1－3－9　目标系统思考法步骤

（二）形态分析法

该方法是由美国兹维基教授提出，在设计中首先寻找一个物品的特性，然后把这些特性进行排列，最后发现相互关系和组合方式，从而良好解决问题。

如设计一种新的坐具，可将特性需求描述为“一种新材料的便携带坐具”，然后将其分解，变为“新材料”和“便携带”两个特性，进而进行特性思考（图1－3－10）。

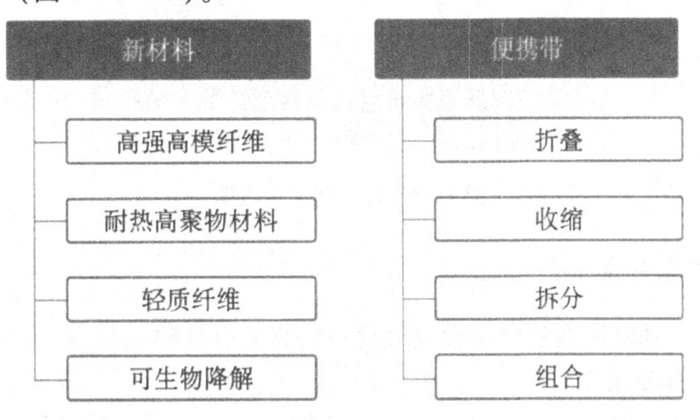

图1－3－10　形态分析法

（三）仿生法

仿生设计是重要手段，是对自然界生物系统特征的研究，因此，在产品设计过程中应用这些特征原理，能够创造出新产品。

仿生一般可以分形态仿生、功能仿生、视觉仿生和结构仿生四个方面进行。在设计中的仿生包括总体或局部的形态、功能、视觉、结构、造型、色彩、装饰等（图1－3－11）。

图1－3－11　仿生设计

此外，产品形态仿生设计是在充分研究自然界物质存在的外部形态及其象征寓意的基础上，通过对自然物外在形进行功能设定和相应的艺术处理手法后，将之应用到产品设计当中。如图1－3－12的甲壳虫汽车就是经典设计案例。

图1－3－12　甲壳虫汽车

1．具象仿生

通常，具象形态的仿生设计处理手法有如下几种。

（1）具象图案

尤其是在我国古代家具上，常会应用一些吉祥具象的图案，如蝙蝠、莲花、梅花、喜鹊等，这些图案表达了人们对美好事物的向往，如图1－3－13。就是典型代表。

图 1－3－13　具象图案设计

（2）整体仿生具象形态

如图 1－3－14 是备受世人关注的国家体育场“鸟巢”，它由一系列辐射式的钢架围绕碗状坐席区旋转而成的，结构简洁，设计独特，造型自然，象征家的气氛。

图 1－3－14　鸟巢

2. 抽象仿生

抽象形态来源于自然形态，又不同于自然形态。抽象形态设计通过简单的形体反映事物的本质特征，通过联想和创造性思维，运用不同的形式法则，将自然界生物形态，经过归纳和总结，演变成抽象形态，从而使得

第二章　产品设计的类别与表现

设计作为一项极具创造性、创新性的活动，存在于人类生活和社会生产的的各个方面。其在改善人们的生活，提高人们的生活品质及满足人们的生理与心理等多方面的需求方面发挥着重大作用。接下来本章将就人们生活中各类产品的设计与表现展开探讨研究。

第一节　餐饮和日用品产品设计表现

一、餐饮产品设计表现

俗语言："民以食为天"，饮食作为一种生活基本形态存在于人类漫长的历史中生活中，并随着人类生活方式、生活习惯和社会风俗的发展变化而有着不断发展和日益充实的内涵，拥有更多的文化和意识等精神态的内容。金台路热门对饮食的享受过程已经成为了一种有意义的体验过程，人们更加注重如何吃好、吃得健康、吃得方便以及吃的环境、吃的精神状态等。

而设计作为一项极具创造性意义的活动，以改善人们的生活，提高人们的生活品质，满足人们的生理与心理等多方面的需求为目的，它涉及社会各个领域，包括餐饮领域，接下来我们将就餐饮行业的设计表现进行深入分析和探究。

（一）创新思维

设计离不开创新的推动，在餐饮产品的设计过程中，我们需求的是一种新的生活方式、一种品质、一种乐趣、一个时代特征和价值体现，从而满足人们多元化的个性需求，进而满足人们的情感和生活体验。

1. *多维感官设计理念与创新*

人们的各种感官——感觉、听觉、触觉、嗅觉和味觉等的交互体验是为当今设计行业所强调和注重，从而使产品从更多方面和层次愉悦人们的情感和精神，从而使其功能和精神价值得到实现，如图2－1－1所示的视错觉餐垫。

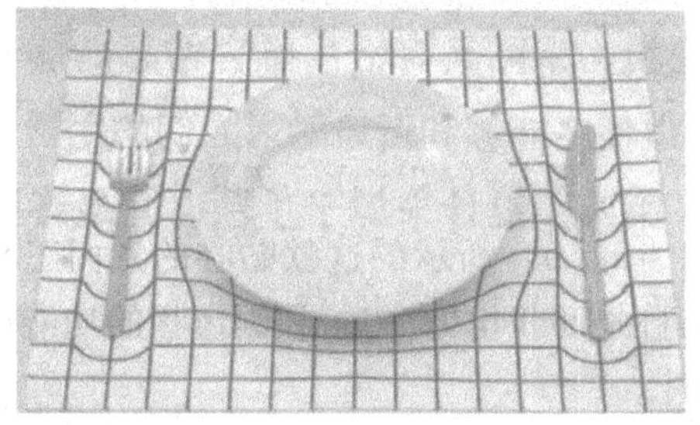

图2－1－1　视错觉餐垫

在进行设计的过程中，设计者可以将某种特别的听觉、触觉或嗅觉的设计语言融入某种特定的餐饮过程中，以增加用餐的情趣，渲染某种环境氛围，使人们的体验更加丰富。如茶具的设计可以结合茶水被倒入和倒出的过程，增加某种听觉体验，如模拟一种高山流水的声音，从而使人们在品味茶香、欣赏茶道艺术的过程中获得一种高雅的体验，这种设计能使这种高雅的意境更加立体，使人们的感受更加丰富和真实。

产品以形态为最基本的设计语言，通过人们的联想、想象和经验等可以表达具有多种感官情感的语义，如不同材质的肌理可以传达细腻、粗糙、光滑等感觉；不同的色彩可以传达出味觉才能体验出的酸、甜、苦、辣；不同的造型线条能够给人不同的感受：曲线的柔软、弹性，直线的坚硬、冰冷等。

由此看来，在寻求多维感受的设计方法中，餐饮产品的形态设计有必要根据特定的使用环境，采用具有恰当感官情感的形态语义，以使之能够和谐地融入人们的生活中。

2. 体验设计与创新

体验设计与创新服务于人们的使用过程，可以说是产品自产生之初最基本的功能。而发展到今天，设计使产品在提升人们的生活品位时能够引发人们就餐体验过程中的不同感觉和情绪，使人们在交流和互动中感受到美好的精神体验。

（1）功能

如设计师 Love Handles 对餐具与人的关系进行了重新思考，他认为人们完全没有必要为避免沾上桌面的灰尘或其他味道的食物而刻意地放置刀叉，于是设计了如图 2－1－2（a）所示的一套“飘”在桌子上的刀叉。比例故意失衡的设计使得刀叉筷可牢固地放在桌面，而又不会让使用部分接触到桌面。

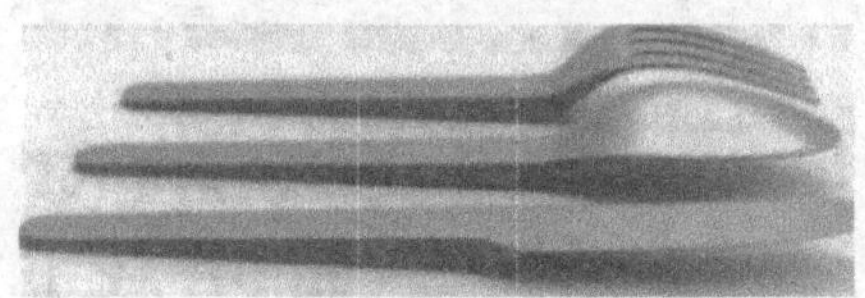

图 2－1－2（a）　刀叉餐具

再如下图 2－1－2（b）所示的这款贴心的煮面工具，它不但可以方便地量取食材，而且由于同时具有勺子和锯齿状的功能部位，可以方便地取出煮好的面和汤汁。

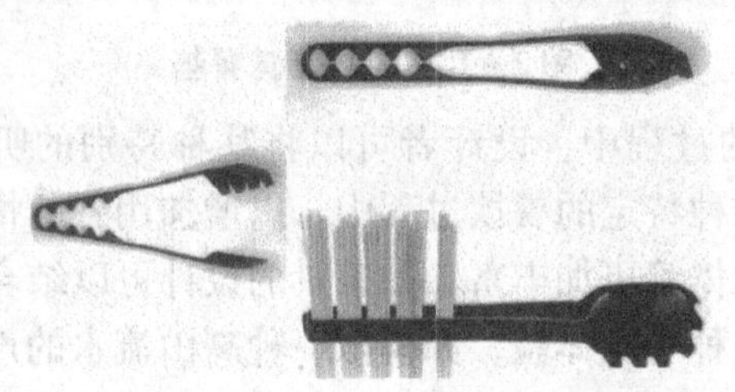

图 2－1－2（b）　煮面工具

（2）情景融入

设计时还可以制造一种有趣的生活情景，或者融入一个有趣的游戏等，将消费者的情感参与和互动融入设计中。通过人们的想象和联想，触动人们脑海中的某段记忆或幻想情景等，让人们在餐饮过程完全处于这种奇特的轻松氛围中，如图 2－1－3 所示。

图 2－1－3　情景的融入

（3）形态

而就产品的形态来说，通过采用富含幽默或怪诞的设计语言及夸张、仿生、象征等造型符号表现方法，可以塑造出一种具有趣味性的形象。如图2－1－4所示，这款咖啡杯，设计师将人的各种表情符号应用于其中，当我们使用这样的杯子时，一定能被这种有趣的设计所吸引，并能在会心一笑和愉悦的心情中品尝浓香的咖啡，而这恰是普通的咖啡杯做不到的。

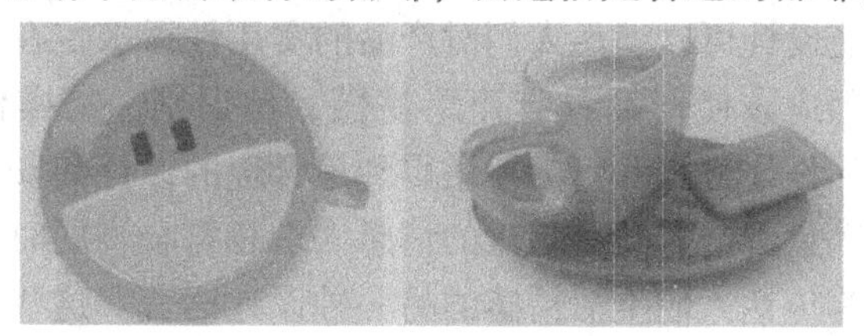

图2－1－4　咖啡杯的设计

（4）情趣性

趣味性设计有一种使人愉悦、具有强烈吸引力的特性。餐饮产品趣味性和娱乐性设计使其在提高人们生活的品位的同时，还给平淡的生活带来了了一些情趣，使得生活氛围和环境变得活跃。而在用餐过程中通过趣味餐饮产品的配合和刺激，可以获得轻松、愉悦的精神享受和情感满足。通过造型、色彩、材质等传达某种特定的情趣，带给人开心、爱不释手和回味无穷的感觉。如2－1－5所示的这套折纸童趣餐具，它将儿时的游戏——纸船应用于其中，当我们使用这一套餐具时，会情不自禁的沉浸在对美丽童年的愉快的回忆中，这样的用餐体验必将是一种包含更多精神和情感成分的奇妙体验过程。

图2－1－5　折纸童趣餐具的设计（续）

（二）对生活情感的把控

各式各样的餐饮产品设计品质直接对人们生活的情感取向产生影响，设计师应该通过产品的形态、生活和使用方式等外在的视觉元素，以及它们的文化和精神内涵，激发消费者对产品产生情感上的共鸣和认同，满足其生理、心理等方面的需求。

情感有着多种多样的传达方式，人们在与产品进行交流时，产品会通过可见的和不可见的设计语言向人们传达它所蕴含的情感元素，并反映于使用者的主观体验和认知。

1. 功能设计

合理的功能设计可以满足人们对产品的实用性需求。在人机工程学的指导下，设计师应该使产品具有简单易懂、易识别、易操作、安全等特征，使消费者的操作方式和行为习惯得到最合理的设计和安排，促使人与产品的交流互动过程与人类深层次的情感需求相符合。同时，人的行为方式也自然地成为传达人们生活情感的另一种设计语言。这些是处于行为水平的设计语言。

比如餐饮产品中人机关系的表现、产品内部的所有功能都必须外延到表面，形成可以直观辨别的结构，如产品的拿放、握取、拆装、可调部件的结构排列、指示等，从直观外形上表达出可接触控制的行为符号。

符号，是人对生活形态的直接感知经验。设计时可以谋求某些经验性记忆符号的特征化表现，从而使消费者可以顺利地适应新产品的使用方式。

归纳总结人的行为习惯，优化产品的操作表现方式，如人们过生日时一般会吃蛋糕，而切一块蛋糕并将它拿到盘子里也是个灵巧活，如何切得平均、切得好看？这就有了餐刀的设计出发点，流线的造型，五彩缤纷的可选配色，轻轻一放、一夹，又好看又均匀。简单的蛋糕餐刀如图2－1－6所示。

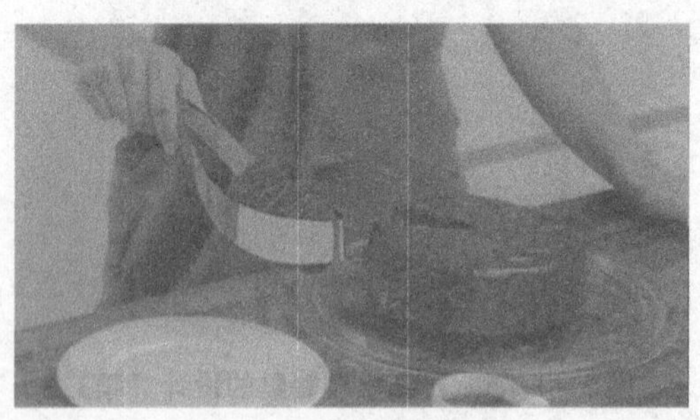

图2－1－6　蛋糕餐刀

让产品的尺度和大小符合人体操作部位的比例尺度和幅度，最终目的是使设计的餐饮产品符合人机关系的要求，使人们能感受到产品所体现的一种亲切和关爱的特征。如图2－1－7所示勺子的设计，这样就不怕勺子掉到碗里了，而且仿生设计的小鸟栩栩如生，充满生机和趣味。

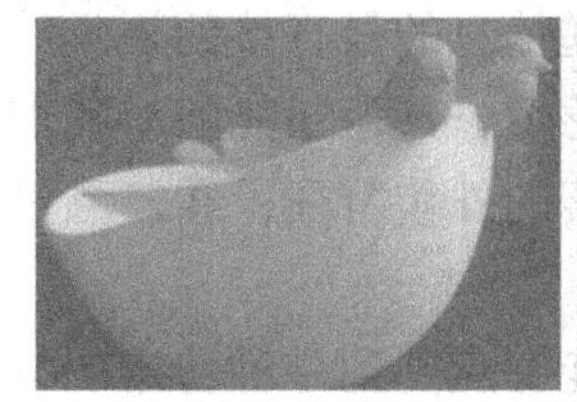

图2－1－7　勺子的设计

2. 产品形态

产品形态是最为直观的情感载体，是处于本能水平的设计语言，它包括产品的造型、材料、色彩等构成元素，并能够依靠消费者的视觉、触觉等基本的感知器官，通过消费者的想象、记忆等各种认知能力，唤醒他们的情感诉求。丰富而不同的色彩搭配，点、线、面等根据不同的审美规律调和而成的结构形式，不同触感和视觉感受的材质的应用等，传递着设计的种种语义，让人们产生或热情，或冷漠，或严谨，或活泼等不同的情绪和情感回应。

（1）造型形态情感

产品所要面对的消费者是有情感的人，因而其造型形态应有一定的情趣，具有生动悦目的表达特征，而生动悦目与人的视知觉、视觉心理有关。所谓“生动的形态”，是指形态能表达出具有生命的、活力的、运动力的语义，是人们长期在生活中向大自然汲取的精神财富。所谓有生命的、运动的是产品的外形具有的一种深层的内涵能力，这种视觉力是精神上的生命力。人们通过对自然界生物的具象和抽象以及生活经验的积累，提炼出形形色色具有生命知觉的感觉，如生长感、膨胀感、扩张感等，而人们正是通过这些感觉进而感触到生命的存在的。餐具的造型设计如图2－1－8所示。

图2－1－8　餐具的造型设计

（2）色彩情感

在诸多感官符号中，色彩是传递信息的最直接的视觉符号，它不仅能够唤起人们各种情绪，表达人们的感情，甚至还能够对我们正常的生理感受产生影响。而色彩作为产品最显著的外貌特征，在产品设计的诸多要素中具有先声夺人的魅力。

通过色彩语义的传递，消费者能够感受到一种特定的情感体验，从而使产品激发出所要传达的情绪和情感回应。色彩不同，对人的情绪、行为产生的影响也是不同的，比如，红色或较鲜艳的暖色能增加食欲。

色彩设计得合理，能给人一种愉悦、舒畅的心理回应，因而很容易得到消费者的青睐，如图2-1-9所示为餐具的色彩设计。

图2-1-9　餐具的色彩

二、日用产品设计表现

随着社会经济的发展，人们生活水平的提高，现代人对物质价值的需求已经上升为一种新的定义，开始注重生活的品质及审美需求，接下来我们将探讨为人们并享受生活而服务的产品设计语言和方法。

许多生活中的日用小产品都极大地增添了我们生活的色彩，而设计在服务人们生活，满足人们生活品味上有着不容忽视的作用。设计来源于生活，并最终会回归于生活之中，实现其满足人们生活，提高人们生活品质的作用。设计师应当依托产品设计来增强人们之间的情感交流，使产品设计服务人们，关爱人们，贴切亲情，使设计的品质不断提高，从而使人们的情感在设计背后能够得到更多的呵护与关爱。

人作为社会的主体，是任何产品设计最终服务的对象，人有着肌能、运动、新陈代谢、认知等种种生理和心理因素；而哲学上的人也有着各种各样的思想因素，如思维观、审美观、辩证观、宗教观、民俗观、文化观、价值观、伦理观等。因此，“人的因素”体现着社会发展的进程，是任何产品设计与制造的过程中都必须要考虑到的重要因素。现代设计以依据人的因素来开发产品为根本原则。

整个社会发展的进程都由人来推动，并体现为人的因素。随着科技的发展，现代人在尽享高科技产品无限乐趣的同时，对原始的生活情调更具有浓烈的兴趣。在工业化产品充斥整个生活、工作环境的同时，更加渴望拥有与自我生命体友好交流的特殊物品。在信息时代高度紧张的工作压力下，更希望适时地躲避在与世隔绝的自我空间中体味人间真情。在拥有最先进的通信、交通工具的同时，不免对其提出种种特殊感受的个人要求。

产品设计走向基础完全派生于人的因素，反映为人类的超前意识，而只有从最常见的人的因素上着眼，把反馈、采集到的各种信息回馈到产品设计中思辨，透过人的因素操控产品发展的核心内容，才能及时地、紧紧地、不断地抓住产品设计的走向，才能激起超前思考意识。

日用品是生活中不可缺少的产品，设计师通过巧妙的设计，情感的流露，发挥产品的最大功效，从精神功能到物质功能处处表达出产品的品质。如图2－1－10所示，这是一款背肩式雨伞，下雨时翻折打开如同一个小天篷，为人们遮风挡雨，使用起来不仅像卫衣连衫帽一样方便，使用者还能够腾出双手来做其他事情。此外，雨伞雨伞骨架结构力度强劲，轻便结实，不会轻易被大风吹翻，特别设计的伞面也具有一定的透气作用，不会因兜风而把人吹跑，极大地方便了人们雨天骑行和购物。

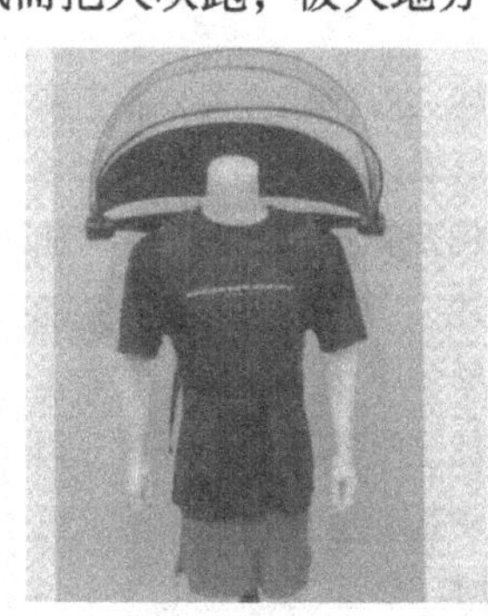

图2－1－10　背肩式雨伞

扫地可谓是一种生活中保持卫生的良好习惯，而一把普通的扫帚一般包含挂口、支杆、扫帚毛发3部分，如图2－1－11所示为一款设计独特的环形把手扫帚，他通过优化支杆和扫帚毛发将其合二为一而可以轻松悬挂、移动以及使用，美观大方。而当我们将一些乱七八糟的纸片和碎屑物受到簸箕里再王垃圾桶倒时，为避免将其倒到外面，设计师设计了图2－1－12所示的这样一种“大口进小口出”的簸箕，转移垃圾变得简单多了。

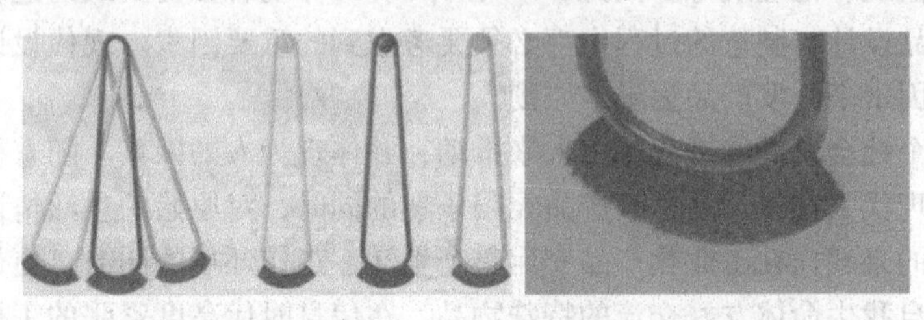

图2－1－11　环形把扫帚

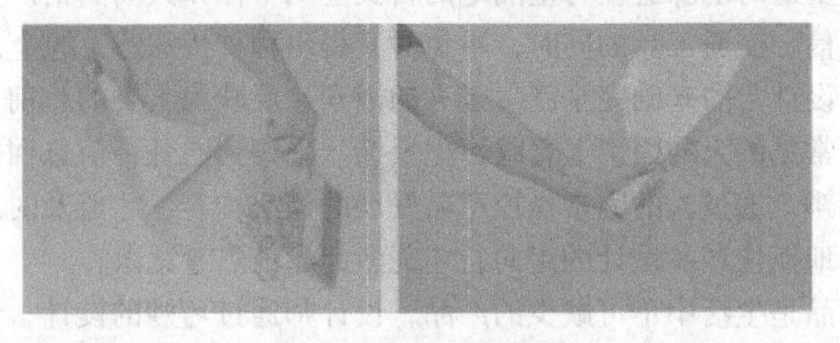

图2－1－12　簸箕设计

生活中我们都有这样的经历，食品袋包装的食品打开后没有及时吃完而变潮或变质，为此，Peleg设计了如图2－1－13所示的这款搭扣封口夹，它让零食袋变身为一款款时尚钱包，并且适用于大、中、小零食袋，可以保持食材的长久干燥新鲜。

图2－1－13　搭扣封口夹

喜欢烹饪的人都有过这样的经历，煮饭时米汤煮沸后极其溢出锅沿，为此不得不将锅盖留缝。而设计师为此设计了一个极其诙谐的“挂掉的小人”，如图 2 - 1 - 14 所示，U 形身躯的塑胶小人正好可以将锅盖支起来，而这些小人动作幽默可爱也给厨房增添不少乐趣。

图 2 - 1 - 14　厨房中的趣味小产品

图 2 - 1 - 15 所示的是以款设计独特的 Q 形直尺，它带有一个可爱的屏幕，仅用一只手拖着它沿着需要测量的路径移动，相应的尺寸就会显示在屏幕之上，非常方便。

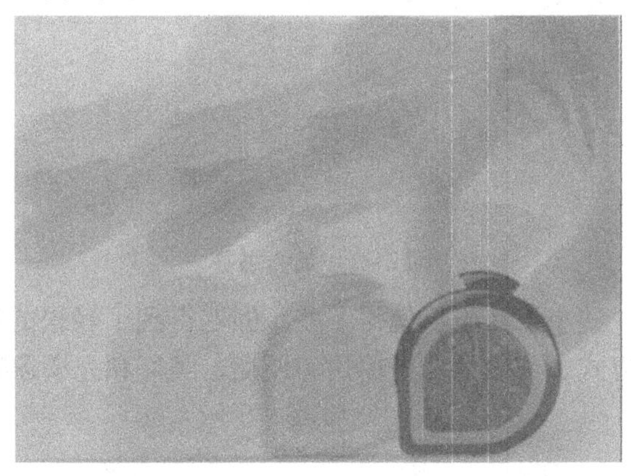

图 2 - 1 - 15　尺子

瑞士军刀虽然有着齐全的功能和较高的品质，但展开后却缺乏美感，如图 2 - 1 - 16 所示为设计师把折叠组合刀工具套装换成了极具趣味性的动物图案，有犀牛、麋鹿和长颈鹿等，而且能摆放出 80 余种不同的图形组合，将功能性和娱乐性集合到了一起。

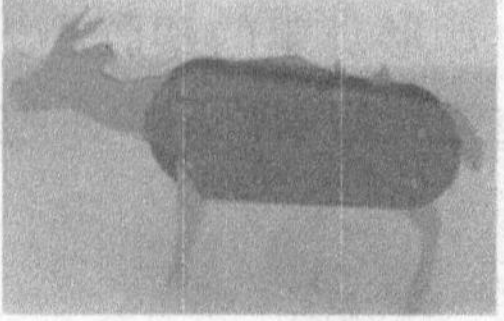

图 2－1－16　折叠组合刀

如图 2－1－17 所示这样的果盘想必在生活中会起到不小的作用，它支架上那篇织物极富弹性，而底下的折叠十字架也非常便于携带。

不要小看这个“平板”果盘，它的胃口可不小呢！其中的关键就在于那片极富弹性的织物盘，它能够一次盛放Ⅳ多水果！此外，果盘的折叠十字支架也非常易于携带。

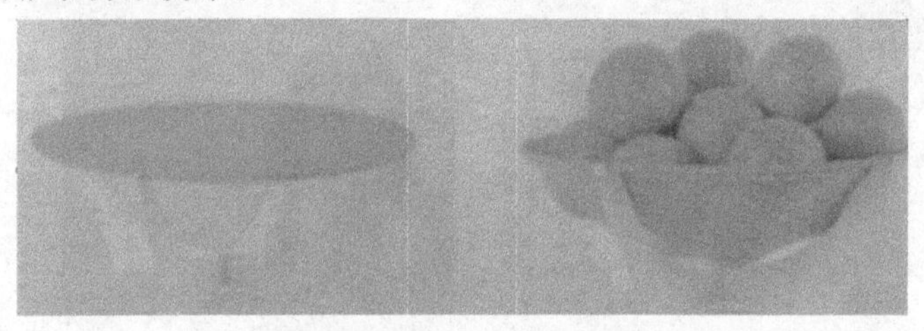

图 2－1－17　果盘

图 2－1－18 所示是一套使用羊毛毡手工缝制的水果切片书签，不仅颜色鲜艳迷人，就连水果籽都清晰可见，摸一摸还有凹凸感。

图 2－1－18　书签

生活中的一些小设计不仅使得一些小问题得到了轻松的解决，还改变了人们的生活方式，使生活变得愉快、便捷、美好和充满趣味性。

第二节　箱包和运动鞋产品设计表现

一、箱包产品设计表现

随着人们的生活水平以及消费水平的提高，人们出行机会的增加，丰富多彩的箱包不仅是人们身边不可缺少的物品，还成为一种标榜时尚的潮流，不同的箱包设计能够凸显出不同的感觉，选择不同的箱包设计的人，他们心中所要表达的东西也是不一样的。

（一）功能结构

在箱包产品设计过程中，可以通过对产品—人—环境关系的体验发现问题，完善箱包的功能及结构。如在很多情况下，行李箱滑轮的损坏基本就宣告其报废了。为了延长行李箱的使用寿命，较少滑轮的损坏率，Heys推出了一款可将四个滑轮收放起来的行李箱，只要按动红色按钮，稍加转动即可将滑轮放入安全位置，如图2－2－1所示。

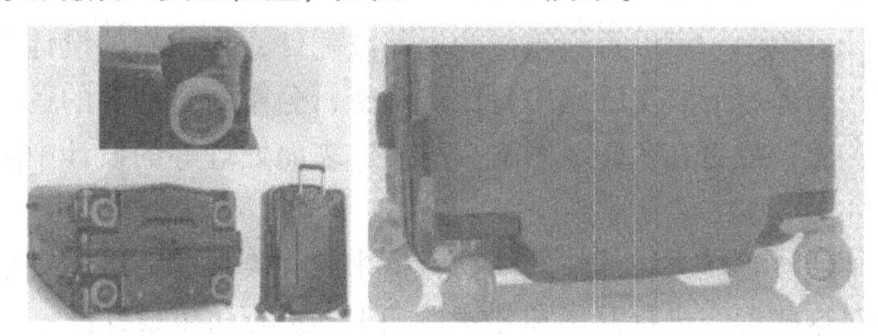

图2－2－1　箱包结构设计

Bluesmart公司推出的一种智能手提拉杆箱如图2－2－2所示，这种拉杆箱内部有充电宝，能够提供为手机充电五六次的电量；临近传感器的内部设置，会自动提醒使用者距离箱子太远，谨防物品丢失，而即使丢失后也有远程控制解锁功能能够让你通过蓝牙锁定行李箱。此外，内置自动称重传感器在使用中把箱子提起来，就能通过安装在手机上的App软件指导手提箱的重量是多少，同时它能够告知是否超过机场的规定。

图2－2－2　智能箱包的设计

对常年出差在外的人来说，一个贴心好用的行李箱是必备的伙伴之一。Fugu 充气行李箱的内壁嵌有气囊，按下开关，内置气泵便会“竖”起四壁，将上盖抬高 1 英尺（约 0. 3 米）左右，从而可充当小桌子使用；此外，您还可以利用其中一块侧壁的空间作为置物架，放置衣服或洗漱用品。如图 2－2－3 所示。

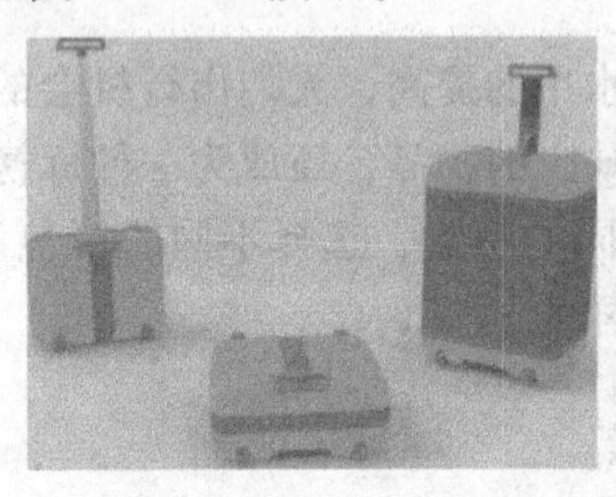
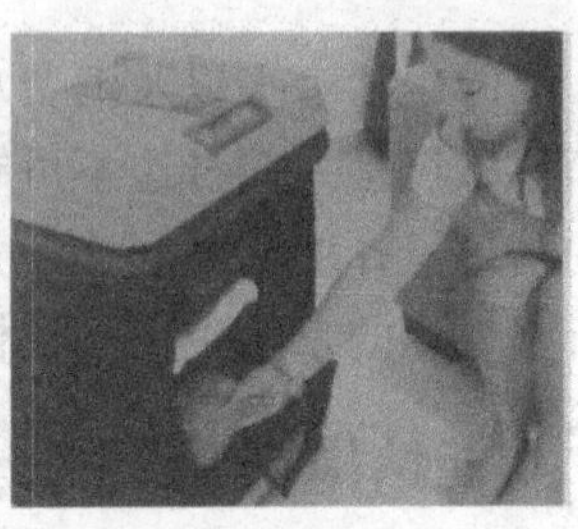

图 2－2－3　箱包功能的设计

（二）造型设计

箱包造型设计的目的是对其做出形状、线条、结构、比例等的变化，同时体现出一种设计思想。

在设计过程中，可以重组箱包的局部或配件，构成新的设计方案；也可以对其造型通过形式美法则中对比、渐变、分割、对称等的运用，突出造型视觉美感；或者在色彩、图案、材质、表面处理等的设计中融入设计风格等。如图 2－2－4 所示，

设计师通过感受大自然中的动物、植物的优美形态，运用概括和典型化的手法对这些形态进行升华和艺术性加工，进行仿生设计。

图 2－2－4　仿生设计

而将人们记忆中的一些服饰、装饰的样式和图案运用其中时，则体现出一种古典韵味，如图 2－2－5 所示。

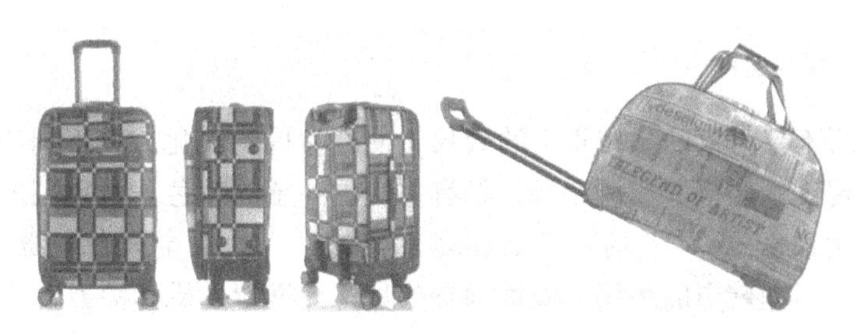

图2－2－5　复古设计

此外，对箱包某些设计要素通过发散思维进行系列变形，对设计要素的表现形式进行拓展，可以产生同一主题的多种设计款式，如风格系列、色彩系列、造型系列等，如图2－2－6所示。

图2－2－6　系列设计

二、运动鞋设计表现

（一）外观设计

在进行运动鞋的外观设计时，一方面要使其功能特点能够得到发挥，另一方面还应起到较好的视觉表达作用，这种视觉表达作用能够对消费者的选择起到直接的影响作用。

1. 线条设计

运动鞋的设计中，线条设计有着各种形式，如单线、双线、假线、明线、虚线、轮廓线、棱线、接缝线、装饰线等。这些线多以流线为主，直线比例较少，其形式多样，可同时运用在一双鞋上，不拘泥于一种，如图2－2－7所示。

图2－2－7　运动鞋的线条设计

2. 色彩设计

色彩不仅可以凸显视觉上的效果，使产品得到美化，其不同的搭配还可以体现设计风格、流行趋势，具有明快、动感的特色。运动鞋的帮面色彩可以达到3～5种，具有丰富和多元化的特点。而金属色、激光镭射、闪光等在运动鞋中的运用，使运动鞋醒目，充满着生机和活力，如图2－2－8所示。

图2－2－8　运动鞋的色彩设计

3. 装饰材料设计

运动鞋的装饰材料有图案、文字、标识、金属和塑料部件等，在装饰部位的选择上较为自由，装饰效果较醒目，且这类装饰多以动感、时尚、色彩鲜艳为特征，而近年来装饰部件朝着美观与功能相结合的方向发展。

在运动鞋设计过程中，还可以从手绘开始，多进行方案比较分析，把握色彩、线条、形态、材料、工艺、时尚元素等要素，从整体到细节进行系统研究、绘制。运动鞋鞋的手绘作品如图2－2－9所示。

图2－2－9　运动鞋手绘作品

（二）功能设计

在休闲、健身或竞技体育比赛时选择一双舒适美观的运动鞋，不仅可以保护身体，还表达出一种对时尚的品味。

运动鞋常用于运动中，这就要求其具有一些普通鞋所不具备的特性，如承载一个人的体重，在跑步等快速运动时甚至要能承受2～4倍体重的压力，此外还要具备一定的耐磨性、避震性、弹性、防滑性、抗扭伤性、舒适透气性、软硬度适宜、重量轻和耐挠曲等功能，如图 2 – 2 – 10 所示。

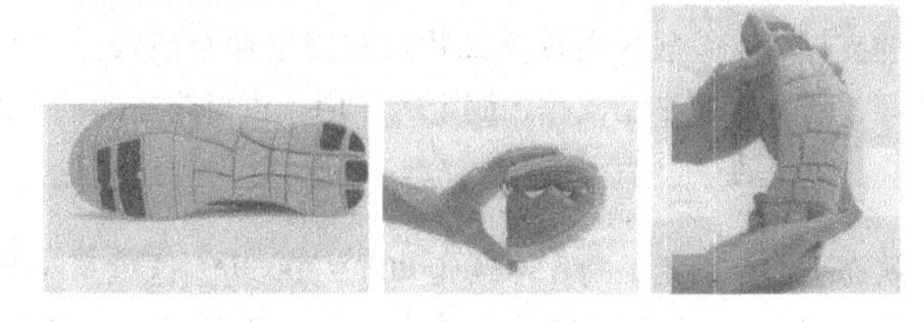

图 2 – 2 – 10　运动鞋的设计

接下来将就运动鞋的几个关于人机工程的主要性能对鞋底受力的影响进行分析，分析内容如表 2 – 2 – 1 所示。

表 2 – 2 – 1　运动鞋鞋底主要性能分析表

<table>
<tr><td>防滑性</td><td colspan="2">运动时常有急停、急转动作，此时要求运动鞋具有较高的止滑性，然而，在鞋底其他方面条件不变的条件下，耐磨耗性和止滑性却是成反比的，耐磨耗性越好，就意味着止滑性下降；止滑越佳，则其耐磨性就差。所以应通过大量的测试对比，找到耐磨耗性和止滑性最佳的结合点，来进行设计生产。当然，还要从运动鞋的功能上去考虑鞋底纹路的设计，从而确定耐磨耗性和止滑性之间最佳的平衡点</td></tr>
<tr><td>透气性</td><td colspan="2">透气性要求不仅限于鞋面，鞋底也要求有透气性。因为在正常穿用运动鞋时，人足部皮肤的温度可达到 34℃ ~35℃；而在激烈运动时，其温度将达到 43℃ ~ 49℃；此外，大底纹路设计越粗糙、复杂，其与地面的摩擦力就越大，热度也越高。因此，鞋底透气性的设计是非常必要的，但同时要考虑到其防水性</td></tr>
<tr><td>耐折性</td><td colspan="2">按 GB/T3903. 1 的国家标准，在鞋底跖趾关节处割口 5mm 长，以每秒约 4 次的折挠频率进行测试。鞋底设计生产时，应考虑鞋底弯折沟的厚度和底材的韧性。一般弯折沟的设计以圆弧形为主，可避免应力集中，起分散弯折力和延伸力的作用，同时，在弯折沟背面应以加强筋的方式加厚至 2. 0mm 以上</td></tr>
<tr><td rowspan="3">耐磨性</td><td>周边磨耗</td><td>通常，鞋底周边（前掌、中腰、后跟）边缘向内 10 ~ 15mm 是受磨最多的部位，但其受磨程度小于鞋头和后跟。其原因是大拇趾、小拇趾和脚跟三点是主要的受力部位</td></tr>
<tr><td>鞋头磨耗</td><td>鞋头受磨程度小于后跟，鞋头外侧受磨程度小于鞋头内侧。其原因是，走路或跑步时，都是后跟先着地，脚提离地面时，大拇趾最后提起且向前推进并产生摩擦力</td></tr>
<tr><td>后跟磨耗</td><td>后跟是受磨耗的主要部位，据统计，80% 以上的人的脚是以脚后跟外侧先着地，又因脚在起步、落地时均是朝向内心偏移，所以其外侧受磨程度大于内侧</td></tr>
</table>

支撑力	支撑力是一个比较复杂的问题，具体说就是通过运动鞋紧缩厚实的设计，来保证脚对人体强有力的支撑。这种紧缩的设计，可以克服脚向四周分散力量，从而保证向上的支撑力。一般采用硬支撑片从鞋腰延伸至后跟，插人中底或在大底与中底之间，对人脚起平稳支撑、固定的作用，也可防止运动中的扭伤
避震性	人在负重的状态下徒步行走，每千米需走 600 ~ 700 步。这就意味着每步行一千米，一只脚要承受 600 ~ 700 次的重力冲击，若是激烈运动，则其冲击力就更大。有人做过统计，一个人在跑步时，脚触地的瞬间，受到地面的冲击力将达到人体重量的 2 ~ 4 倍。如果鞋没有良好的减震系统来缓解这种冲击，一定会使双脚感到疲惫不堪，还会对大脑造成冲击。一般情况下，采用具有一定弹性的中底（如 EVA、PU）或在大底后跟嵌人具有弹性的垫片（如 EVA、PU），可以减少冲击力。同时，可以达到能量回输的效果（能量回输是指鞋底在冲击到地面之后，借由受压变形的弹性体将动能吸收，稍后，在它离地之前，因弹性体形状的回复而将能量还给穿着者，使穿着者跑得更快、跳得更高
抗扭伤性	人的脚由 26 块骨骼组成。人的行走过程是一个很复杂且科学的骨骼和肌肉协调运动的过程，脚从触地到抬离地面，受到一个向上的冲力和向前的摩擦力，在脚触地的瞬间，受到一个很大的冲力，在抬离地面前，需要对地面施加一定作用力以得到向前的摩擦力。在这一过程中，分析人脚的运动过程是这样的：80% 以上的人的脚是以脚后跟外侧先着地，此时脚后跟轴线略向外偏斜，着地时脚受到一个很大的冲力，它自然地向内翻转，以分散地面冲击造成的对脚关节的伤害，最后脚后跟轴线从向外偏斜位置转到垂直地面位置；在抬离地面前，各相关肌肉群及关节收缩紧张，以提供对地面的作用力，此时脚后跟轴线由垂直地面位置又转到外斜位置，以提供作用力。在这一过程中，通常会出现两种情况：过度翻转和翻转不够。如果脚落地后向内翻转时，脚后跟轴线过了垂直面向内斜，那么在脚离地时，它来不及调整到外斜位置，使肌肉骨骼未能做好充分准备，易造成运动扭伤。为了克服脚弓下塌的扁平足易出现运动扭伤的问题，鞋底一般设计成双密度的弹性体，在鞋底后跟内侧位置，设计一相对密度高的材料，以抵抗人脚过度翻转而造成的扭伤。另一种情况是常发生在高脚弓的人身上的翻转不够的现象。由于高脚弓人的脚关节一般比较僵硬，在脚落地时，往往不能完全翻转到垂直位置，不足以化解地面对脚及各关节的冲击，而易造成扭伤。有此类脚形的人，往往在其整个鞋外侧磨损比较厉害，后跟避震好和符合脚型的鞋楦是其最佳的选择。当然，也可从鞋垫的设计上，来增强抗扭力和减轻疲劳感

第三节　家具和电子产品设计表现

一、家具产品设计表现

在人们的日常生活中，家具的产生来源于人们的生活需求，并逐渐发展成为了人类的一种生活方式，反映出人们的日常行为模式，更承载了一定的文化内涵。现代家具设计应兼顾功能和审美两方面的要求，不仅外在美更要安全舒适。在家具设计过程中要做到以人为本，适应时代潮流和大众的生活需求，才能缔造出经典和卓越。

（一）家具的文化内涵

1. 中国传统家具

中式传统家具有着悠久的发展历史，也承载着中华民族博大精深的文化内涵，其材质多为木材，蕴含着中国传统文化、哲学思想乃至尊卑等级观念，而明代家具的简约、清净意蕴体现出中国古代文人雅客一种内在的精神追求，其做工也精巧，俨然成为一种艺术品。近代著名的国画大师齐白石先生少年时就曾做过木匠，亲身制作家具。优美典雅的中式家具吸引了不少注重生活品质消费者的注意。

现代中式家具设计上继承了唐代、明清时期家具理念的精华，同时改变了原有空间布局中等级、尊卑等封建思想，以红木家具为代表，在强调主人文化品位和自身修养的同时，注重了生活的舒适性，如图 2－3－1 所示。

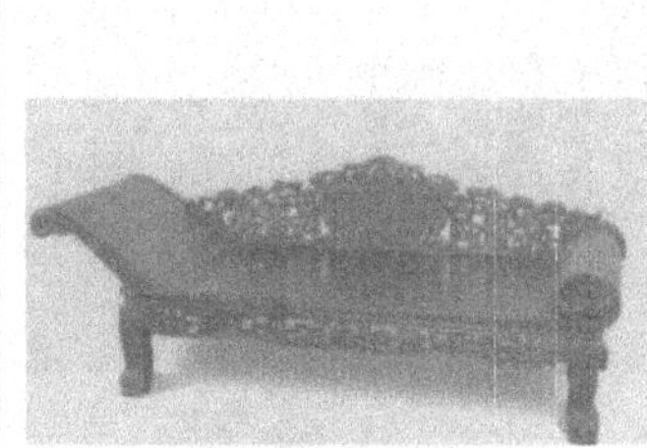

图 2－3－1　中国传统家具

2. 欧式古典风情

欧式古典风情的家具既有巴洛克风格豪华、动感、多变的视觉效果，也吸取了洛可可风格中唯美、律动的细节处理元素，其造价高昂、工期长、专业程度要求高，适合于别墅、大户型住宅，因而很受高档消费人群的青睐，如图 2-3-2 所示。

图 2-3-2 “欧式古典风情”家具

3. 巴洛克风格

所谓巴洛克（Baroque），原意指不规则的、怪异的珍珠。巴洛克家具具有建筑形式的结构和浮雕装饰，其最大特色是相对集中富于表现力的装饰细部，对不必要的部分进行简化而强调整体结构，利用多变的曲面，采用花样繁多的装饰，做大面积的雕刻、金箔贴面、描金涂漆处理。繁复的空间组合与浓重的布局色调，很好地把高贵的造型与精致的雕刻融为一体。“巴洛克”座椅如图 2-3-3 所示。

图 2-3-3 “巴洛克”座椅

4. 简约风格

以北欧最为代表，人们将其风格概括为极简主义、后现代等，家具产品在设计上偏爱天然材料，讲求简洁时尚的形式，尽量不用装饰，尊重传统价值，将功能和形式协调统一，给人一种朴实无华的感觉。"简约"家具如图2-3-4所示。

图2-3-4　"简约"家具

（二）家具与现代人的生活方式

家具设计既是一门艺术，又是一门应用科学，它主要包括造型设计、结构设计及工艺设计3个方面。一件精美的家具不仅要实用、舒适、耐用，它还必须是历史与文化的传承与发扬者，是一种生活格调的体现。家具设计的整个过程包括收集资料、构思、绘制草图、评价、试样、再评价、绘制生产图。

家具设计是用图形（或模型）和文字说明等方法，表达家具的造型、功能、尺度与尺寸、色彩、材料和结构。作为家中的大件摆设，家具可以说是一个房间的灵魂，家具的选择很大程度上决定了房间的装修风格，家具不同带给人不同的生活氛围也不同。因此，在装修中，与其说是选择家具，不如说选择的是家具带给我们的一种自己所向往的生活方式。

伴随着人们生活水平的提高，单纯的功能性空间已满足不了人们的精神追求，人们往往用"家居配饰""软装饰"等词汇来描述家居空间设计，其所要营造出气氛的重要性，则用更为精确的一词应该叫家居陈设。家居陈设是指在某个空间内将摆设、家居配饰、家居软装饰等元素通过完美设计手法，将所要表达的空间意境呈现在整个空间内，使得整个空间满足人们的物质追求和精神追求。家具设计是指在生活、工作或社会实践中供人们坐、卧或支撑与储存物品的一类器具与设备的设计。家具不仅是一种简单的功能物质产品，而且是一种普及的大众艺术，它既要满足某些特定的用途，又要带有一定的艺术美观性，从家具和人之间的关系分类，家具可以分为以下几点。

1. 建筑物家具

不和人体接触，用来陈设、摆放物品的家具被称为建筑物家具，像柜架那种可以储藏物品和隔断房间类的家具，也称储藏类家具。例如，柜、橱、书架、碗柜、组合家具、壁橱、厨房系列等。建筑物家具示例如图2-3-5所示的极富艺术感的书架。

图2-3-5　建筑物家具

2. 半人体系家具

我们将间接和人体接触的，以实现用户工作或活动为目的的家具称为半人体系家具，也称“桌、台系家具”，即像桌子、服务台等那种既放置物品又在上面工作的家具。例如，餐桌、会议桌、接待桌、折迭桌、服务台、化妆台、电视台、厨房台，如图2-3-6所示。

图2-3-6　半人体系家具举例

如图2-3-7所示是出自新加坡设计师之手的一系列字母组合家具，

它们全部由字母模块组成，只需将不同单词的字母组装到一起便可以搭建出相应的产品——桌子、椅子及落地灯。这些家具都采用胶合板制成，不仅质量轻便，而且易于收纳，创意巧妙却简单实用。

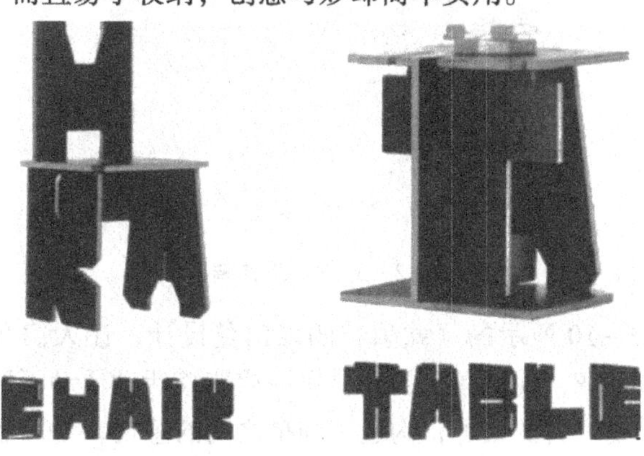

图 2－3－7　字母椅子

3. 人体系家具

我们将直接和人身体接触并以服务人体为目的的家具称为人体系家具，如椅子、沙发、床等直接与身体接触，支撑身体的家具。在寒冷的冬天，温暖的被窝总是具有着特别的魅力，如图 2－3－8 所示为一位法国设计师设计的一款披着被子的椅子，它带有拉链，能够方便地套在椅子上，让椅子立刻变成一个理想的御寒小窝。

图 2－3－8　睡袋椅子设计

现代生活中，办公室一族长期伏案工作，而一款适合的椅子不仅可以让他们工作状态变得更好，还能减轻长时间工作给身体带来的健康压力。如图 2－3－9 所示的这款造型简洁的普通工作椅在桌腿的设计上下了功夫，折角可以随着使用者的坐姿变化得到调整，并固定在舒适的角度，让人可以更省力地调整伏案姿势。

图 2－3－9　工作椅

而图 2－3－10 所示的这款独特的球门凳设计，让人们在伏案工作之余坐着也能踢足球，使得久坐的办公室一族能够活动活动下肢，更满足了一些足球运动爱好者的兴趣，沟通了同事之间的感情，是一款令人称赞的家具设计。

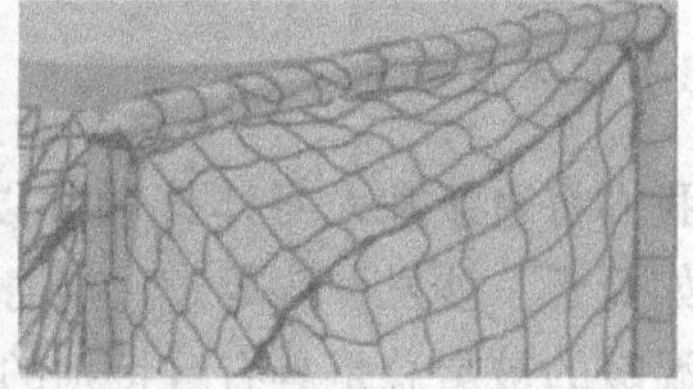

图 2－3－10　趣味功能椅子

此外，家具设计过程中要充分考虑人、环境、家具三者间的关系，在生活习惯中寻找答案。如图 2－3－11 所示的这套桌椅家具，在不用时可以依次套在一起，以最大限度地节省空间；使用时则可以根据不同的需求，当小椅子、小桌子、沙发边桌、脚凳等，可谓用途多种多样，实用性颇高。

图 2－3－11　用途多种多样的家具

（三）家具设计的艺术表现

生活的核心场所在家，而家具行业从品质诉求到生活方式倡导凸显出家具对消费者来说不仅仅是耐用消费品，也是一种艺术的、品位的生活方式，是一种以家为核心的文化，更深层次地体现了一种对精神家园和诗意栖居的向往。

家具的艺术表现形式主要体现在造型设计上，指运用一定的手段，对家具的形态、质感、色彩、装饰以及构图等方面进行综合处理，以构成完美的家具形象。如图 2－3－12 所示，这款鲜花椅子很适合摆放在女士们的梳妆台前。

图 2－3－12　鲜花座椅

二、电子产品设计表现

现代社会中，科学技术的迅猛发展正不断改变着人们的生活，高科技市场的高新技术产品出现了小型化、自动化、智能化等特征，原本复杂的产品形态现在可以变得更加小巧而精致，人们的生活变得智能化、人性化、简单化。在这一发展过程中设计作为一项重要的生产力，其贡献不容小觑。设计师通过研究人的行为习惯、人体的生理结构、人的心理情况、人的思维方式等，使得电子产品设计处处体现着人文的关怀。

（一）功能创新设计

功能创新设计主要对电子产品提供的功能进行突出科技元素的创意构思。如图 2－3－13 所示为一款耳塞式 MP3，两颗耳塞有磁力相吸，掰开即为开启模式，自动播放音乐，可存放 24 首歌曲，并能通过专用软件设置歌曲模式。让人惊奇的是是它通过牙齿咬动控制，轻咬一下是倒回，连咬两下是调节音量，并且设计了自锁功能来避免不经意的咬动触发。

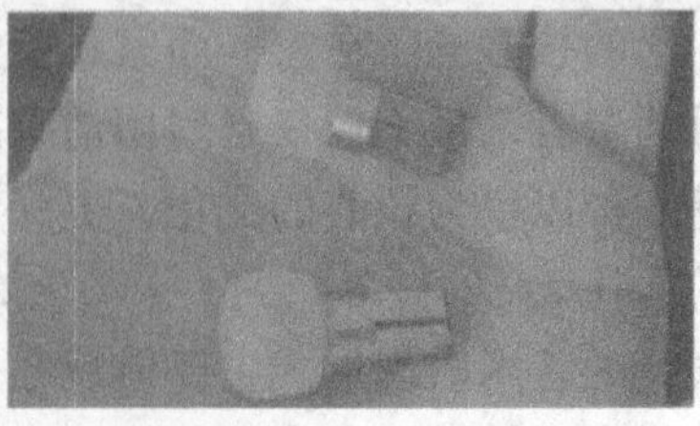

图 2－3－13　耳塞式 MP3

图 2－3－14 为一款健康监测手环，它能够让人们更加全面地掌握自己的身体状况。具体来讲，它可以监测、记录佩戴者的日常活动、健身活动、饮食情况、睡眠状态等，还可以通过分析监测数据为使用者提供更加合理的作息时间表、更为健康的饮食方案等。

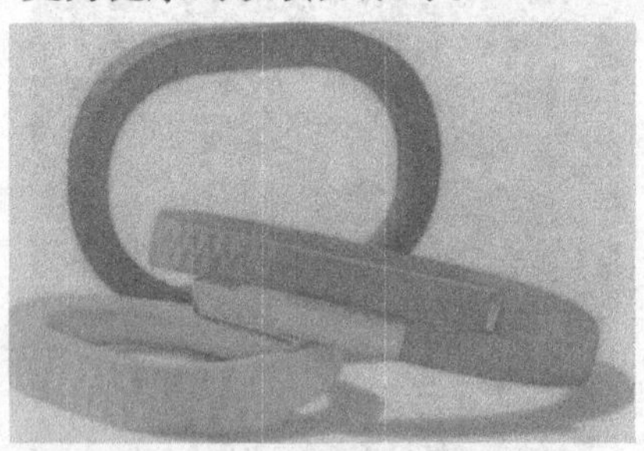

图 2－3－14　电子手环

科技的发展和激烈的市场竞争下出现了不同电子产品的功能整合的发展潮流，以人们最为熟悉的手机为例，现在的许多手机已不再仅仅是用来打电话和发短信的通信终端，它集合了 MP3 音乐播放器、数码相机、数码摄像机、收音机和电视机的功能，给人们的娱乐和生活带来了很大方便。如图 2－3－15 和图 2－3－16 所示为三星推出的智能手机、智能手表。

图 2－3－15 智能手机

图 2－3－16 智能手表

（二）造型创新设计

造型创新设计，主要是以电子产品的美学外观为核心进行的创意设计。这种设计需要对先进的材料和加工工艺、美学造型流行趋势以及流行色、图形语义和形态构成语言等展开研究，设计风格倾向极简、科技、流线。

如图2-3-17为飞利浦RQ1180剃须刀，这款剃须刀采用了流线型防滑机身设计，外观设计大气时尚，摒弃之前单一的黑色，采用炫红色的机体颜色，让人们的生活更加炫彩，流畅的线条更加凸显时尚感。

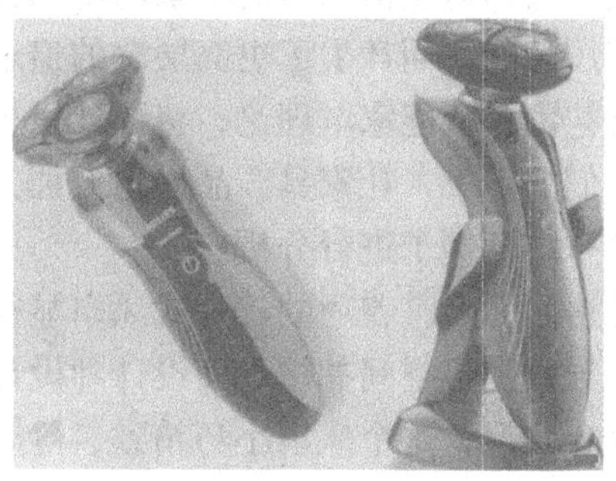

图2-3-17　剃须刀设计

现在电子产品市场上有各式各样的智能手机外接扬声器，而如图2-3-18所示为瑞士设计师Bernard Burkhard设计的Ballo扬声器，这款扬声器不仅体积小而且造型时尚，不仅可与大多数的智能手机兼容，另外它还有10种不同的颜色可供选择。

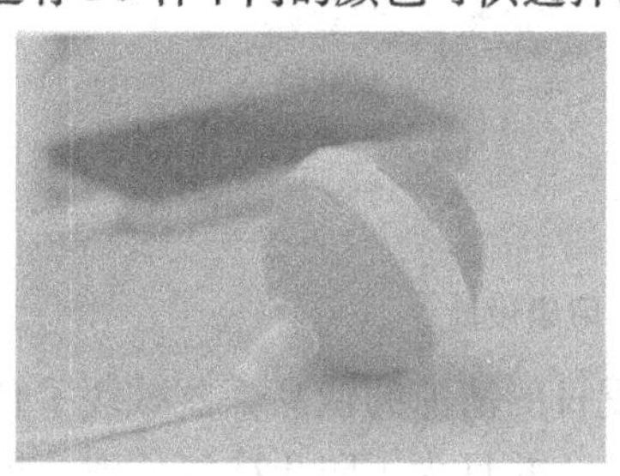

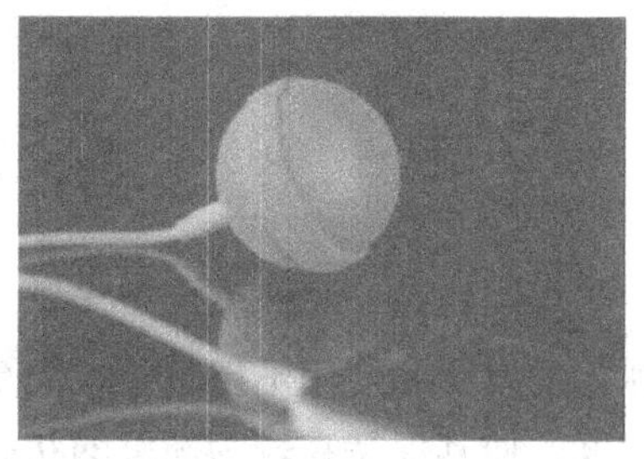

图2-3-18　Ballo扬声器

体验创新主要是根据电子产品的使用特征进行创意开发，硬件、软件、用户服务、市场营销等都会对其产生影响。电子产品设计必须采用超前的感悟能力和卓尔不凡的设计手段，才能赶上设计潮流的发展，设计师需要细心观察研究、搜集资料、将产品的语义用我们独具特色的手段和能力传达给消费者，以使设计的最终价值得以体现。

第四节　家用电器和旅游纪念品产品设计表现

一、家用电器产品设计表现

各种家用电器的发明和使用将人们从繁重、琐碎、费时的家务劳动中解放出来，为人类创造了更为舒适优美、更有利于身心健康的生活和工作环境，成为现代家庭生活的必需品。

随着科技的发展和人们对生活品质的要求的不断升高，对家用电器已经不仅仅满足于其实用功能，而产生了更高层次的追求，这就要求设计师在设计过程中要结合艺术、智能家电理论，将设计思想融入产品外观和功能设计之中，满足人们的需求，让家具产品变得更加人性化、智能化和更富艺术气息。下面将举几个例子进行分析。

对于一个较小的房间而言，普通的三片式风扇显得有些大材小用，而且会占据一定的空间导致竖直空间拥挤。而设计师设计了如图 2－4－1 所示的风扇则改变了这一状况，这个风扇小巧精致，静音、高效、通风效果很好，能使得家居缝合独具品味。此外，这款风扇还能照明，可替代吊灯使用，让整间屋子瞬间充满格调。

图 2－4－1　风扇设计

冰箱的发明和使用不仅带给人们夏日的清凉的饮品，还减缓了食物腐败的速度，使其保持在较为新鲜的状态。并且为了防止冷气外泄，冰箱门的密封性越来越好，这就导致在开门时要费很多力气，尤其是双手都被占满时开冰箱门更为不方便。针对这一点，图 2－4－2 所示的这款概念冰箱则另辟蹊径，冰箱门下方有特殊的感应区域，可以通过判断脚的移动进而消除冰箱门的磁力密封，轻轻一勾门便打开。

图 2－4－2　冰箱设计

空调使得炎炎夏日变得不再让人烦躁，而对疟疾流行的非洲市场 LG 公司针推出了一款新型驱蚊空调，如图 2－4－3 所示，设计师在空调设计过程中采用超声波技术来驱赶蚊子，从而降低疟疾的传染率。此外，空调还内置电压转换器，专门应对非洲国家电压不稳等有损空调部件的情况。

图 2－4－3　空调

飞利浦近期推出了图 2－4－4 所示的这款未来感十足的超薄电视，这款超薄电视的主体就是一块比家里镜子稍厚一些的大“玻璃板”显示器。这块大“玻璃板”的显示部分为黑色，往下颜色渐浅，直至透明。您可以将其斜倚在墙上，或是紧贴墙壁放置，抑或将其悬挂起来。在播放节目的时候，电视画面的背光还会“溢出”，投射在周围的墙壁上，十分漂亮。

图 2－4－4　超薄电视

Mitsubishi 出品的这台棍式吸尘器拥有多功能底座，如图 2－4－5 所示。当你清理完地面灰尘后，将其归回原位，就能启动空气净化的功能，仅需2小时左右就能将一个普通大小房间的空气全部过滤一遍。外观设计低调而整齐，不论放在家里的哪个角落都丝毫不显突兀。

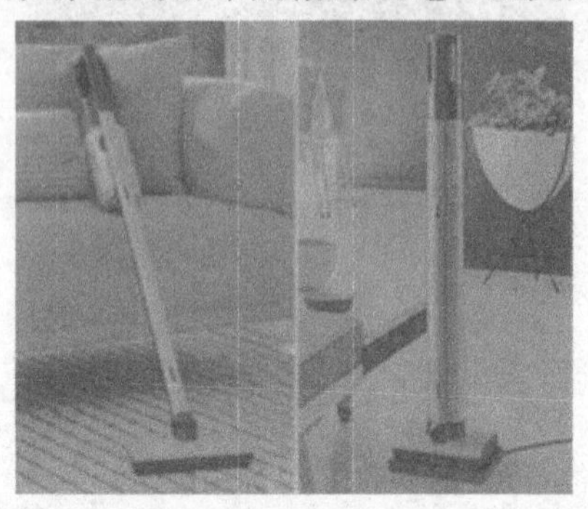

图2-4-5 吸尘器

二、旅游纪念品设计表现

当今随着人们生活水平的提高，走出去游山玩水，看看大自然或领略一下异国风情的旅游活动日益受到人们的青睐，因而旅游业成为世界上发展最快的“朝阳产业”，而旅游文化纪念品也成为其中的一个重要环节。

在旅游纪念品设计过程中，我们可以研究当今人们多样化的消费需求，运用产品创意设计理念和方法，将传统与现代结合并开发研究购物商品的新表现形式，提出适合市场的设计方向，使得游客的旅游体验更为独特新颖，从而从宏观上促进整个产业结构的合理化、高度化和现代化。

目前，旅游文化纪念品同质化严重，设计概念缺乏新意，简单重复传统设计理念，失去了时代元素的特征。我们有必要提出全新的设计概念，即对现有的旅游购物品通过再设计来提高其地方特色。研发关键技术，加快科技成果转化，创造更多的自主知识产权品牌。

此外，我们还应该对游产业的丰富内涵有一个深刻认识，准确把握旅游产业新定位，根据时代的发展和人们的需求变化，研究新技术、新原料、新思维、新方法、新战略。旅游购物品的制造，要突出文化内涵、地域特色和功能作用，提升产品附加值，成为形象的传播载体。这是当前旅游制造业应扶持的重点。鼓励创意设计，关注旅游制造业发展，用创意产业带动经济与创新，是旅游制造业的发展方向。

（一）旅游纪念品的创新设计分析

旅游购物制造业和市场、产业、城市发展进程息息相关。发达的商贸业、现代化市场流通业不断地、积极地推动了购物旅游、休闲旅游和观光旅游的发展。而且，在活跃的外部商贸活动及其旅游需求不断扩张的带动下，当地旅游业和内在的旅游需求也不断得到拓展，凭借“市场带动工业，工业支撑市场，市场与产业联动”的独特发展路径，旅游购物制造业发展迅速。

1. 旅游购物制造业的特征、分类、作用

旅游购物制造业主要以购物商品为载体表现，要求产品突出文化性、纪念性、独特性、轻便性、时尚性、实用性。旅游购物品制造企业应把控商品的功能性、符号性、地域性、未来性四个方向。

2. 传统艺术文化对现代设计的影响

当前社会生活中传统文化受到很多人的关注和追求，而国内的各个城市也都在建设自己的特色创意设计产业，力求以新思维、新观念和新的文化产业发展观来深化文化体制的改革，培育富有活力、具有特色的民间工艺文化产业集群，努力把民间工艺资源潜力变成产业优势，既培育市场，又激活消费，实现丰富市民文化生活和企业发展的双赢。

与此同事还需要旅游部门应积极引导规范，鼓励具有现代内涵、具有创新价值与意义的文化内涵深厚的传统旅游商品的开发，定期举办旅游商品设计大赛，调动社会各界的积极性。加强对传统旅游商品的创新性开发，多次进行理论与实践，对新科技、新时代下地域文化特色商品进行再设计。

3. 创意设计例析

旅游纪念品设计过程中应抓住“体验”与“纪念”两大元素，从乡村购物商品到农产品的创意包装到体验用品进行分析研究，从而设计出更好的旅游纪念品，如图 2－4－6 所示的蔬菜餐具设计，运用了仿生设计手法，借用形象美丽的小白菜进行创意造型设计，表达出了一定的情趣性、亲和性、自然性，使人们在用餐之时能看到原始的菜的本貌，生机盎然、赏心悦目。

图 2－4－6 蔬菜餐具

图 2－4－7 所示的蘑菇造型灯具，造型饱满、膨胀，巧妙地运用蘑菇面与体的关系，寓生活于自然。

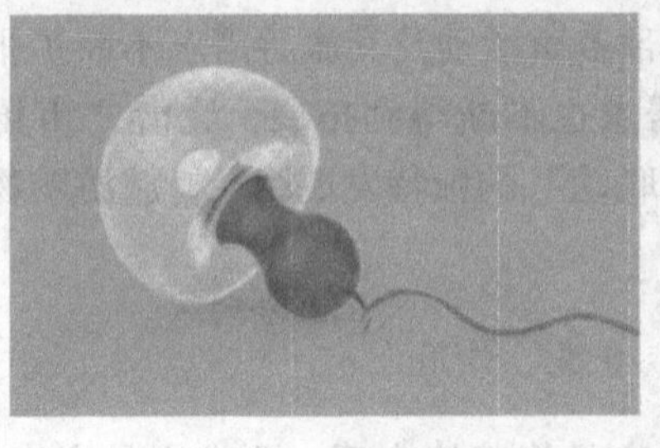 

图 2-4-7　蘑菇灯具

从小在城市长大的很多孩子并不知道五谷、蔬菜长什么样，于是这成为一个设计创意点。在科技时代，有效运用创新思维，将新材料、新技术融入设计当中，可以起到很好的宣传教育作用，如图 2-4-8 所示为专为孩子设计的碗，随着热量的变化，呈现出麦田、稻米等农作物变成我们家里的面和米的过程，普及了蔬菜、稻谷知识。

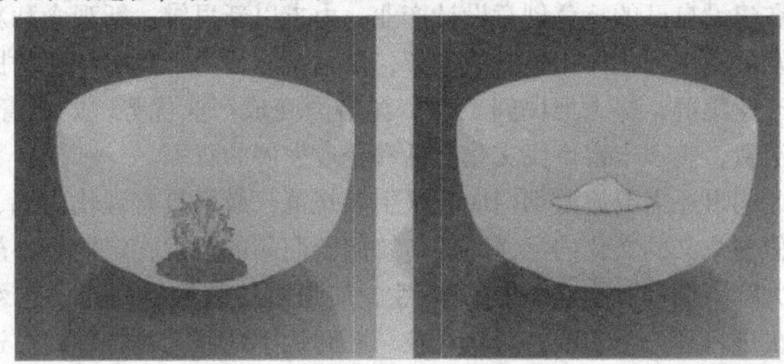

图 2-4-8　碗中的图案

当前，各地政府都在积极建设和发展地域文化特色。而“农家乐”作为传统农业与旅游业相结合而产生的一种新兴的旅游项目得到了加大的重视。而在旅游产品设计中，可以积极挖掘农家文化，开发旅游创意，推出旅游特色产品，突出纪念性、时尚性、标志性和地域文化等。旅游学研究表明，游览风景名胜得到的满足是暂时的，而了解旅游地的风土人情、民俗文化和劳动人民的现实生活所得到的满足则是持久的。

此外，要树立地域景区品牌意识，突出地方特色。设计时应抓住环境、购物商品、人文互动之间的关系。

（二）旅游纪念品的语义创新分析

对旅游纪念品的语义创新分析可以从图案的继承和发扬进行展开。符号学是研究符号性质和规律的学科。产品造型的符号学规范是从语构学、语义学和语用学的角度对产品造型提出的具体要求。旅游购物品造型要发挥语言或符号作用，便要使这种语言能为人们所理解，要表现出代表性文化、审美、意象象征、价值取向、个性特征、时代特征、生活时尚。

研究民俗艺术文化和时代结合在产品设计中的运用，研究元素符号的解构与再现，把握好人、设计、文化三者之间紧密相关的联系，构成文化的、民间的、时代的、科学的产品设计。如图 2 -4 -9 所示为设计者运用建筑、教堂、城堡的元素，结合创新科技材料设计的工艺纪念品——“城堡”盖子，这种盖子的特别之处在于可以根据温度、水蒸气变色，成像栩栩如生。

图 2 -4 -9　“城堡”盖子设计

旅游购物是旅游活动中的重要组成部分，也是目的地吸引游客的因素之一。有效运用创新设计辅助旅游购物制造业发展，符合现代人的消费需求。旅游购物品设计，引领时代步伐，构建新形势下的设计思潮，推动城市旅游特色，具有重要的经济、社会、文化意义。

第五节　绿色产品和公共产品设计表现

一、绿色产品设计表现

随着现代社会中城市化的不断发展，人们尤其是生活于大城市中的人承受着越来越大的工作压力，而与自然却相距甚远，而由乡村自然走入城市的人们也正在与自然远离。而作为自然中的一种生命体，人类天生有着与自然亲密接触的渴望，人们向往自然，希望在城市的空间中寻找自然的品格和生活空间。而绿色产品的设计就是追求设计应当受到自然的引导，师法自然，天人合一；追求人最初的、质朴的、真实的愿望和行为，将生活上升为一种新的品质价值。设计师可以从大自然与人类的关系中寻找设计灵感。

（一）尊重真实自然，以真为美

“人—产品—环境”的关系是设计所要紧紧围绕进行研究的中心，目的是对这三者之间的关系能够有一个完美的处理。设计既讲求实用也重视将物体的美、情感和自然进行结合，通过设计使人的真实情感能够被很快的唤醒，从而舒展和放松身心。从这个角度来讲，设计的不仅仅是产品本身，而是通过对产品的使用达到一种平衡、美好和愉快的效果。

由此，设计应打破人现有的被动的习惯和规律，回归到本性的、自由的、情感的自然元素当中去体验人与自然的和谐感受，并促使人内心深处的情感得以激发并与自然融合在一起，进而达到产品设计的真正的目的。

（二）自然材料

现代经济和技术文化的发展在不同程度上引起了环境和生态的破坏，这让人类饱受之苦的同时不得不进行反思，而随之便产生了对尊重自然的绿色环保设计，这种设计也从侧面体现出了设计师道德和社会责任心的回归。

绿色设计的理念和方法，以节约资源和保护环境为宗旨，强调保护自然生态，充分利用资源，以人为本，善待环境。而自然材料的选择可以说是绿色设计的第一步，这种材料不仅能够满足一般功能的要求，还具有良好的环境兼容性，在置备、使用以及用后回收或再生等生命周期的各阶段，具有最大的资源利用率和最小的环境影响。

在创意设计过程中，我们应运用现代的艺术表达方式用原生态材料精心地表现现代的科学技术。比如产品创意设计过程中，很多产品可以以竹子为主导外壳材料。

此外，我们还应多对自然进行观察和逻辑推理，揭示并把握自然界的现象、实质和规律，通过学习和研究探索大自然中的物理现象、化学现象、生命科学等，寻找设计创意灵感。

如今，绝大多数的商家已将塑料购物袋替换成了更为环保的纸质购物袋，但这些纸质购物袋在使用一次后似乎仍然存在一个后继回收的问题，除了承装分量较轻的衣物外，似乎别无它用。而设计师从折纸上受到启发，对购物袋稍加改造并加装了一个挂钩，回家后把购物袋按照步骤折叠几下其便成为了一款环保衣架，这巧妙地解决了购物袋的后继回收问题。购物袋设计如图 2 –5 –1 所示。

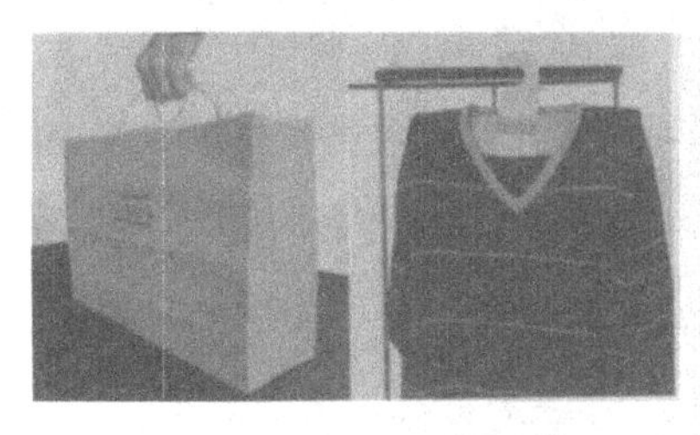
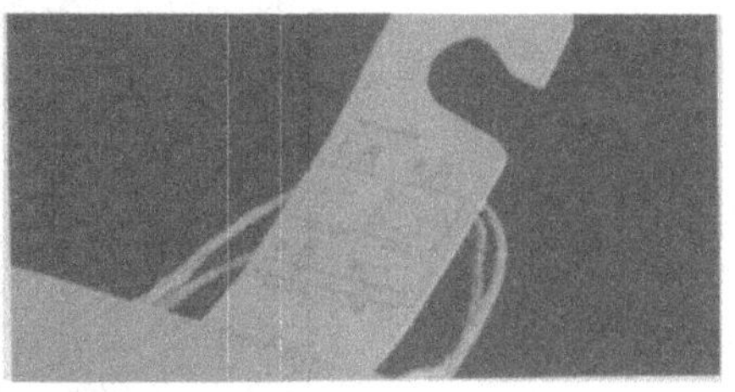

图2－5－1　购物袋设计

如图2－5－2所示的智能窗户设计，设计师以人对大自然的眷恋为设计理念，通过多重感官的形式，将雨、雾、雪、森林的感觉在窗户上表现出来。让人在足不出户的情况下，主动地去感受森林的清新，感受绵雨的气息……感受大自然的种种意境。通过这种装置设计，单调的室内环境变得丰富多彩。

这种装置的原理在于在双层的玻璃之间，可以在底部装置的控制下，形成雨水、冰花等效果，从而形成不同季节和天气的视觉效果，并且该装置会依据用户选择的效果，释放出相应的空气分子和音响效果，从听觉和嗅觉上使模拟的环境更加逼真，从而让人全方位地体验自然环境和氛围。

图2－5－2　智能窗户设计

瑞士是一个有着悠久的手表制作工艺的国家，其手表以质量、外型及工艺而闻名全球。而如图2－5－3所示的这款日内瓦一家设计公司推出的彩色系列“纸”表，不仅有着简洁的外形，还有着多彩的颜色即小巧的LED显示器，非常时尚。而这款手表的制作材料是可降解的纸质材料，体现了环保的绿色观念。

图2-5-3 彩色系列“纸”表

设计师将废弃的杂志，尤其是铜版纸印刷的大部分时尚杂志碎纸机里面“打捞”出来，塞入模具，灌注树脂，将其打造成了如图2-5-4所示的坚固耐用的再生家具。这些带有特殊纹路的柜子、桌子、茶几，从远处看上去，给人一种朴素的石材质感。

图2-5-4 “再生”家具

一位来自捷克的设计专业的学生，在一次对可回收利用物品进行再设计的作业中设计出了如图2-5-5所示的一款可乐瓶椅子。他使用完毕的可乐瓶被整合起来，并借助绳索的力量固定在一个底座上。如此一来，可乐瓶们便会组成一张带有弧度的舒适座椅。因为可乐瓶自身重量就十分轻便，所以把它们做成便携的沙滩躺椅供游客休息，着实是个不错的选择。

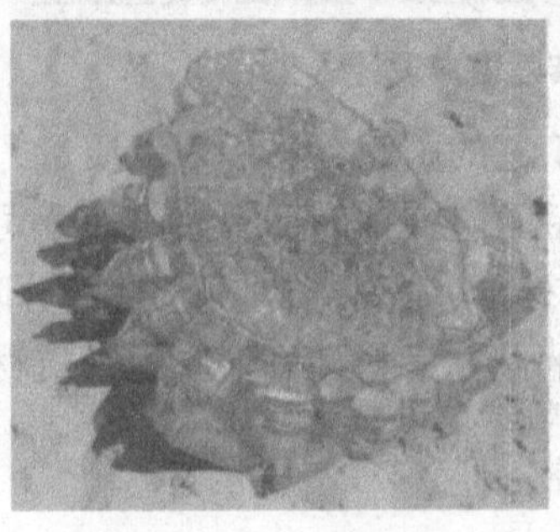

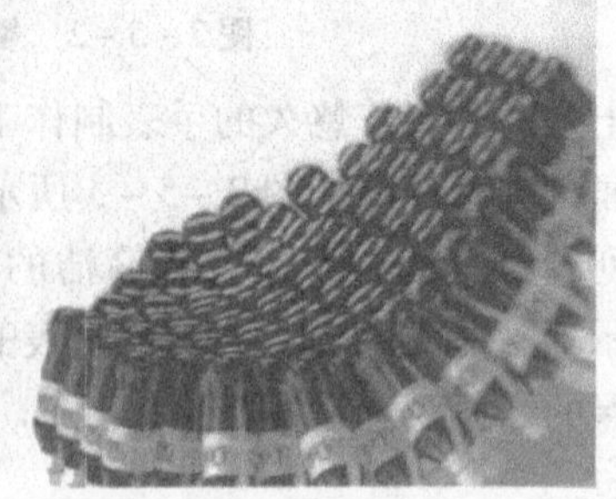

图2-5-5 “再生”椅子

伊莱克斯公司是一家大型家电产品制造商，他们为了响应环保的号召，呼吁人们关注海洋生态环境，唤起公众的环保意识而发起了一项海洋塑料垃圾回收运动，在这项运动中他们重新利用收集来的塑料垃圾，制成了如图 2－5－6 所示的这款限量版的拥有五彩斑斓外壳的“再生”吸尘器。其中的彩色部分由回收塑料直接压制成型，省去了二次加工带来的污染。这款吸尘器 70% 的原材料来源于回收塑料，最大限度地将塑料垃圾“变废为宝”，不仅节约了资源，还打开了新产品的大门。

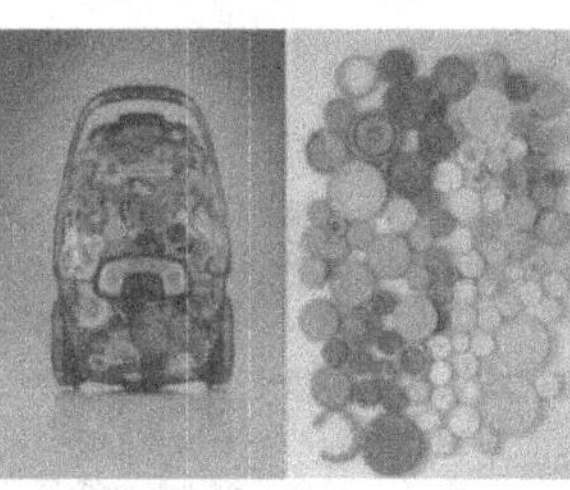

图 2－5－6　“再生”吸尘器

伦敦设计师曾设计了一款用冻干的花朵编制而成的桌椅，如图 2－5－7 所示，这种花为丝石竹属植物，花朵较小，茎脉细长，非常适合编织。这种纯天然绿色植物制作的桌椅的制作流程是：首先需要和亚麻子油脂黏结在一起，然后放进铸模，需要几周时间将其冻干，最后才能成功造型。

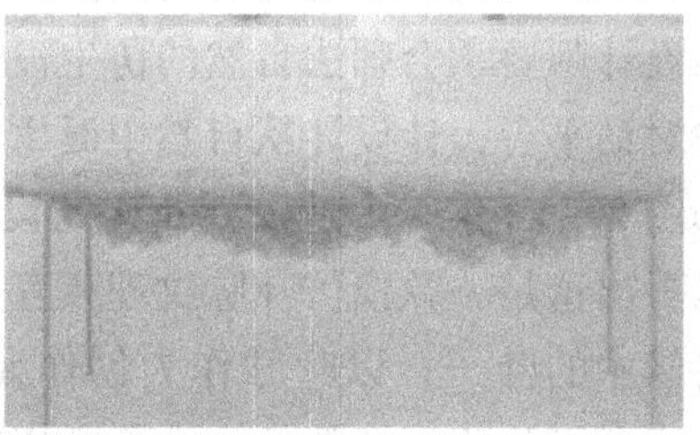

图 2－5－7　花朵编织的桌椅

（三）自然形态

与众多是动植物一样，人类也是大自然的一员，必然会与自然界中形形色色的动物或植物产生共鸣。而仿生设计学就是以研究人与自然的共生，研究生物体和自然界物质存在的外部形态及其象征寓意、功能原理、内部结构等为主要内容。

我们在设计过程中为了将作品形象、生动、趣味、亲和地塑造出来而运用形态的仿生，通过反映事物独特的本质特征、语义象征，将人、产品和自然统一起来。

北国的冬天虽然寒冷和荒凉但却不缺少形象与形状，冰雪的透明感本身就是大自然让人叹为观止的艺术。看似静止的冬日，却也因为光线与湿气充满细微变化，让人从中感受到极简美学的线条与意象。新时代的设计师便带着这些思考将作品潜移默化地引入生活。将产品的特有形态作为一种外在的设计语言和设计思想理念的物质载体，向消费者传达出某种信息，促使他们产生某种特定的情感和情绪。如图 2-5-8 所示为著名芬兰设计师 Harri Koskinen 设计的冰块灯，给人带来寒冽的感觉，似处身北国寒冷的冬天。

图 2-5-8　冰块灯

运用仿生思维进行设计，抓住事物的本质，不仅能创造功能完善、结构合理、工艺精良、造型美观的产品，而且赋予产品内在生命的象征，这就要求设计师要学会师法自然的仿生设计思维，创造人、自然、产品和谐共生的对话平台，让设计从自然中诞生。

如图 2-5-9 所示是一款获奖的设计作品——“椅脉相承”。由图我们可以看出这是一款模仿叶脉纹理相互连接、交织的椅子，其设计灵感来源于自然中的叶子，以叶脉作为创作元素，将其应用在椅子结构设计之中。使用者可从椅子支腿处注人彩色墨汁，墨汁顺着管道流淌，会遍及整个椅面，通过灌注不同色彩的墨汁，能改变椅子的整体颜色。用户可以根据心情、季节、家居环境等来选择相适应的色彩，如绿的春叶、黄的秋叶、红的枫叶等，以增添家居空间的自然气息。

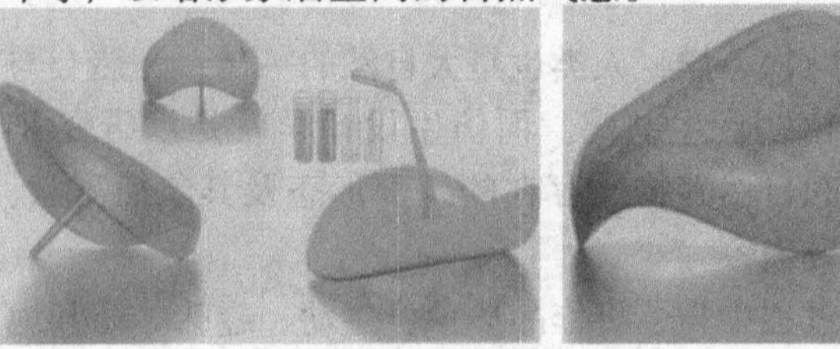

图 2-5-9　“椅脉相承”椅子

二、公共产品设计表现

由政府提供的供公众享用或使用的、属于社会的物品或劳务就是公共设施，如公共行政设施、公共卫生设施、公共体育设施、公共文化、娱乐设施、公共信息设施、公共交通设施、公共教育设施、公共绿化设施等，可以满足人们公共需求、公共关系、公共安全的，供人们在公共空间选择的设施。

人性化的公共设施设计不仅可以给人们带来生活的方便，而且可以满足人们的社会需求，规范人们在公共空间的行为习惯，给人们带来生活的方便。通过它们人们可以更加了解和热爱自己所生活的城市。

公共设施的设计须考虑到参与者与使用者在使用过程中可能出现的任何行为，以及公共设施对周围环境的影响。安全第一，公共设施给人带来方便的前提必须保证其使用安全，安全就是信任，要考虑儿童、老年人、残疾人等特殊人群与公共设施的关系，如儿童好动、活跃；而老人反应相对缓慢；残疾人的自我保护能力相对较差。针对这些不同人群的不同特征，设计要考虑到功能、材料、使用、结构、工艺等。从产品内在功能如信息、技术、性能等的安全，到操作、结构及产品外在形态的材料、工艺、色彩等的安全，都要考虑周全，如图 2－5－10 所示为公共健身器械。

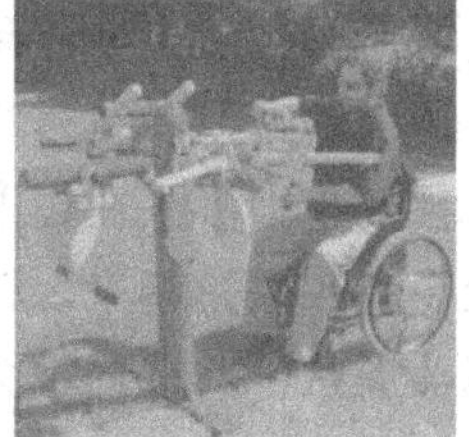

图 2－5－10　公共健身器械

（一）通用与易用

1. 通用

公共设施因其公共性而更多地强调使用的公平与参与的均等。而通用设计又名全民设计、全方位设计或通用化设计，系指无须改良或特别设计就能为所有人使用的产品、环境及通信。换句话说，就是我们设计及生产的每件物品都能最大限度地被每个人公平地使用。为此，设计者应具体、深入、细致地体察不同性别、年龄、文化背景和生活习惯的使用者的行为差异与心理感受，既要照顾到行为障碍者、老年人、儿童或女性人群，同时又要顾及社会大众，如图 2-5-11 所示为无障碍电梯。

图 2-5-11　无障碍电梯

2. 易用

易用主要是针对公共设施产品的使用功能而言的，直白点将就是该公共产品是否好用，好用到怎样的程度，这是公共设施产品设计过程中应考虑到的基本问题。一个好的公共设施不仅是通用的，还是能用、好用和用起来极其方便的，比如地铁车站的自动售票机（图 2-5-12），在设计过程中要考虑到如何使其在最快的时间内辨别站点和路线，如何在最短的时间内操作买到从出发点到目的地站点的车票，货币的找零以及兑换如何处理，识别语言或者符号特征明不明显等。

再如，很多人在投掷垃圾时，会不小心将一些垃圾掉在垃圾桶外面，但很少有人去捡起来。针对这一情况，如果将公共垃圾桶的口设计成敞口或漏斗形状，并选择不会反弹的材质，那么"掉垃圾"的概率就会降低很多，如图 2-5-13 所示。

图 2-5-12　自动售票机　　图 2-5-13　创意垃圾桶设计

（二）系统与合理

1. 系统

通常来讲，像广场、公园、健身等公共文化娱乐场所要有休息的公共座椅、垃圾桶、区域照明等配套设施，具有一定的系统性。并且设计过程中要跟踪体验用户的整个过程，比如到电影院看电影，进去后一眼能够发现售票的前台和检票口，此外还应设计一定范围的休息场所供提早来的人们坐着等待，等待过程中前台能够提供一些饮品和零食，散场前后洗手间的位置，及是否能够容易发现等。

再比如公园游玩的人，要考虑到他们休息时要吃或喝些东西，这样在公共座椅旁就要配垃圾桶。另外，还要考虑设施的便利性、标识性，如公共卫生间要有指示说明，各个公共服务站之间要介绍关联性等，以形成统一风格、形象的一个整体。

2. 信息

当今社会已然进入了一个高科技的信息化时代，在经济社会的飞速发展过程中，计算机智能化和信息综合化已经应用到各个领域，更方便、更快捷和更贴心地为民众和社会服务，满足时代步伐下的各种社会公共需求，如图 2－5－14 为西安地铁 2 号线提示信息设备。

图 2－5－14　地铁提示信息设备

（三）合理与美观

1. 合理

公共设施要有较为明显的功能特征，鲜明突出的行业特征，并且其人机、材料、空间、色彩的运用要适合环境需要，如广场、公园的公共座椅设计，在使用功能方面要考虑其目的是满足行人暂时休息的需要，其人机要素设计应围绕怎样让人既得到休息和缓解又让人不长久依赖、占位在有限的座椅空间不走展开。

而材料方面的选择要注意设施使用的场地，在室外的设施，选用的材料要经得起风吹日晒、雷电雨打等自然界的侵蚀，甚至人为的破坏，最大限度地适应外部环境的需求。此外，还要考虑设施的耐久性、制造成本及维修费用、加工工艺、大众审美以及环保理念等。如图 2-5-15 为各种公共座椅设计。

图 2-5-15 公共座椅

在电子信息化时代，美国的圣安东尼奥市的贝克萨尔小镇诞生了世界上第一家以电子图书代替纸质书籍的“无书图书馆”，读者可以从这里借取电子书阅读器来读书，也可以将它带回家。至于防盗措施，该馆负责人称，如果读者没有在规定的 2 个月内归还，电子书将会“自我毁灭”，变得对读者没有任何价值如图 2-5-16 所示。

图 2-5-16 电子图书馆

2. 美观

具有新颖、悦目、优雅大方形态的公共设施不但能增强人们的精神享受，也能够起到对城市精神面貌的宣传作用。一个设计合理且极具美感的公共设施，不但拥有较高的使用频率，而且从某种程度上还可以增强市民对城市的归属感和参与性，增进市民爱护公共设施、爱护公共环境的意识。

随着人们对环境质量要求的提高，人们对这些功能设施提出美观的要求，于是这些功能设施成为了城市中的艺术小品：在设计中，把公共设施的功能与造型、色彩、质感等巧妙地结合起来，可以为环境增添丰富的色彩和优美的造型。这既满足了人们追求精神文化的需求，反映了城市居民的艺术品位和审美情趣，使城市充满了艺术氛围和文化韵味，如图2-5-17所示的候车亭和公共座椅。

图2-5-17　候车亭与公共座椅设计

（四）特色

我们在不同的城市会发现其地铁、电话亭、车站等公共设施在外在形态上各部相同，但都在不同程度上对城市的特色有所体现，而地域文化也集中体现为城市的风貌。除了自然景观、建筑景观外，公共设施成为体现城市风貌媒介的又一平台。

从设计角度而言，公共设计的设计要充分考虑到人与所在地域环境的关系，要紧紧抓住地域、人文、文化特征。设计者应根据其所处的文化背景、地域环境、城市规模等因素的差异，对相同的设施提出不同的解决方案，使其更好地与环境“场合”相融合，使人与环境及产品和谐统一。它不仅延续着城市的历史，塑造着城市形象，完善着生活环境，还承担着如观赏、教育、展示、交往等城市文化职能，而且起着塑造城市特色景观、体现城市文化氛围等的作用。

公共设施承载着设计者和使用者一定的美学观念，此外还拥有这个城市独特的文化内涵，如图2-5-18所示为北京雍和宫地铁站，具有很强的民族性。雍和宫以及周边地区是中国文化的思想库，具有很强的民族性，是包涵文化理念的游览胜地，所以其设计重点在于宣扬中国思想文化，对中国味道的强化。而地铁站在设计上立柱全部采用正红色，护栏全都采用汉白玉雕花制成。雕花护栏在错层之间一字排开，图案包括龙、牡丹等中国传统图案。此外，站内的两张巨幅镀金壁画将车站装饰得金壁辉煌，极具东方神韵。

图 2－5－18　中国味道的公共设施

当公共设施体现出一种轻松、幽默、诙谐的格调时，它们点缀着城市的表情，提升了城市的亲和力，如图 2－5－19 所示的趣味性的公共设施。

图 2－5－19　趣味性的公共设施

第三章 产品设计流程

成功的产品设计总是备受消费者欢迎，对其过程进行系统的研究也成了产品设计师的首要任务。本部分通过理论与实例相结合的方式，将产品设计的基本流程分为产品设计的提出和市场调研、产品设计的构思和定位分析、产品设计深入研究和产品设计的工艺设计四个步骤进行讲解。

第一节 产品设计的提出和市场调研

设计的提出与市场调研是产品设计的初级环节，也是整个设计流程的基础环节。在产品创新设计中，设计的提出与市场调研是不可分割的两个重要环节。设计概念的提出引领和指导着市场调研的方向，而市场调研则能够更加丰富设计概念的内涵，二者相辅相成，不仅能够准确地把握消费者的愿望，而且能够适应市场需要，是产品创新设计成功的前提和基础。

一、提出设计概念

产品设计是一种多学科的综合课程，是一项系统工程，所以在设计过程中，对问题的认识和把握的轻重缓急是较难驾驭的。因此，在设计行为开始前，就必须根据设计需要进行全面的衡量和分析，提出符合消费者需求的产品设计概念。

（一）设计概念的基本认知

设计概念的提出要根据市场需求和调研调查，结果由专业人员提出并储备成案。

1. 找共同点

设计师根据市场需求和调查分析，在消费者需求与设计要求之间寻求一个共同点，即设计概念。这个概念既要照顾到市场与消费者的利益，又要从专业设计的角度考虑到产品的设计性。

2. 问题归类

产品设计师及团队相关人员针对设计概念提出相关问题和需求，这类问题通常针对市场现有产品进行归类，并根据其类型分析优缺点，寻找一个合理的突破口，提出关键问题。

3. 提供解决方案

产品设计师根据设计概念提供文字或图片形式的原型，并将这类信息通过加工制作成概念文档。这个环节中，设计师的想法与创意往往是灵活且具有发散性的，但最终选择的设计方案一定要符合市场发展方向，满足消费者需求。

总之，设计概念在产品创新设计中占有举足轻重的地位，通常起到主导与引领整个设计过程的作用，它就像是贯穿于支流中的主河道，影响着设计的方方面面。

（二）确定设计概念

确定设计概念并不是凭空想象、毫无章法的，而是要遵循一定的规范，具体应注意几个要点：符合设计主题；满足消费者需求；具有可实施性；具有创新性。

此外，设计概念确定之前要多调研、沟通，多与设计师或专业人士讨论，保证设计概念的整体性和现实性。

二、进行市场调研

任何设计项目的展开都离不开最基本的调研分析，其目的是掌握市场趋势，了解竞争状况，形成产品开发策略并作为开发新产品的参考。

（一）制定设计计划

在产品设计开始之前，设计师必须能够准确、有条理地把握设计要领，并能轻松驾驭问题的轻重缓急。因此，对设计问题进行全面的衡量分析，制订符合实际需要的计划至关重要。

1. 设计计划的注意事项

实际操作中，制定设计计划有很多方面都需要我们特别注意，下面我们简单介绍几点注意事项。

（1）每一项设计都有一个明确的设计主题，实际上也就是我们所说的明确设计内容，掌握设计目的。

（2）对于产品设计来说，整个过程是由一个个紧密联系的环节组成的，在这期间一定要清楚地掌握每个环节。

（3）在上述环节之后看，我们所要做的就是将每一个环节中的细节（主要包括目的与手段）弄清楚，以便在实际工作中更加有针对性。

（4）充分估计每一环节工作所需的实际时间。

（5）除了上述我们所说的这些之外，更重要的我们还要对于这个环节中的两大要点来进行处理，也就是要点和难点，这也是为了能够更好地完成设计流程所要做的。

完成设计计划后，应将设计全过程的内容、时间、操作程序绘制成设计计划表，以便明确设计任务。

2. 可行性报告和总时间表

制定计划包括项目可行性报告和项目总时间表。其中，项目可行性报告主要包括以下内容。

（1）项目承担团队或单位的基本情况。包括名称、经济性质、通讯地址、资金情况等；人员构成、主要骨干业务水平情况。

（2）项目目标。

（3）目前市场分析。包括：项目提出的理由；所开发产品的主要用途及市场分析；市场竞争能力。

（4）产品设计理念。包括：产品设计理念；产品特点或优势。

（5）产品设计组织或团队介绍。

（6）项目实施的进度安排。

（7）投资估算。

（8）风险性预测及弥补措施。

（二）市场调研目标

市场调研的目标能够明确方向，使整个设计过程思路清晰、系统调理。市场调研目标主要内容如下所示（图3－1－1）。

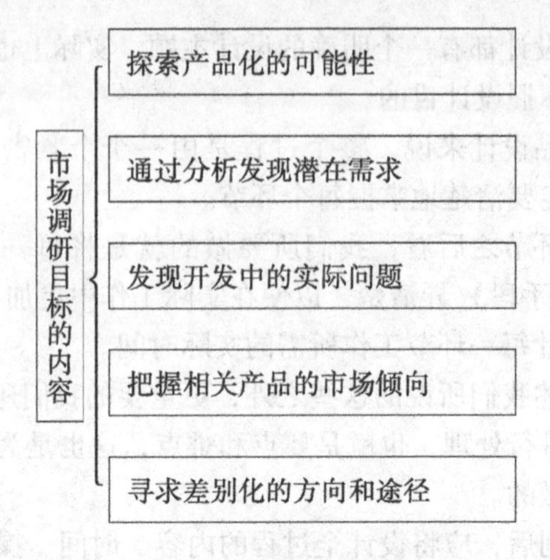

图 3－1－1　市场调研目标的内容

（三）市场调研内容

市场调研的内容主要包括：定位产品、分析对象以及研究同类产品等，具体内容如下所示。

1. 产品定位

为了了解自己产品的市场竞争力以及发展方向，设计团队需要将市场上现有的各品牌产品，以消费者所关注的因素为坐标，调查国内外同类产品或近似产品的功能、结构、外观、价格和销售情况等，收集一切有关情报资料，掌握其结构和造型的基本特征，确定其市场定位。

2. 对象分析

分析对象即了解客户对产品的需求，这种需求通常包括：顾客对各种款式产品的喜爱程度和购买率；顾客在购买某种产品时的动机、原因和心理；顾客选购某种产品的标准、条件和具体要求；顾客对想购买产品的造型提出自己的看法等。

3. 同类产品的研究

通过此项研究可以理解各类产品被消费者接受的程度，配合以上定位即可大概了解消费者的需求趋势。

（四）市场调研方法

市场调研有各种方法，或由调查人员直接观察、询问、记录，或者发给调查表，由被调查者填写，或者由调查人员实施测验，或者查阅档案文件统计资料等。下面是几种常用的方法。

1. 观察法

从其定义上来看我们即可发现，这种方法相对来说是非常直观的，相关人员在实际采用这种方法进行市场调研的过程中，需要充分发挥自身可以利用的一切感官来进行调查、分析与记录。这种调查是有前提的，那就是不能让被调查的人察觉出有人在进行调查，这样的调查结果才最真实、有效。一般情况下来说，观察法大致有三种形式，一种是直接观察法，第二种是实际痕迹测量法，第三种为行为记录法，这三种方法在实际中都经常使用，其使用效果也较为明显。

先来看第一种观察的方法，所谓直接观察法从其字面意义上来看就能非常清晰地看出，直接到现场对将要接受调查的人来进行观察。

第二种方法则没有那么简单，执行调查任务的相关人员与被调查者不是直接接触，而是通过一些其他的方式来进行，比如说杂志上的广告，通过对这些材料的分析与了解来进行进一步调查。

第三种方法相对来说比前两种方法要复杂一些，进行观察之前首先要经过被调查人的同意，这是最基本的前提，否则是不能开始调查的。其次，有一点需要特别注意，调查的内容是被调查的某一种行为，比如说某人经常会听广播，我们可以对其所接收的电波来进行监测，听广播的时间与听广播的频率以及听广播的内容等。

2. 询问法

所谓询问就是一个人问一个人答，也正是因为这种形式的存在，因此，我们又将其称之为访问法。相关人员以问问题的方式对特定的市场进行调查。可以说这是一种调查过程中最简单易行，也是最常用的方法，技术含量并不是很高。

这种方法的形式有很多，比如说电话访问，入户访问、拦截访问以及小组座谈等，在此不再一一进行叙述，不管是什么样的访问，其模式都是相通的——提出问题到回答问题的过程。

3. 实验法

通过我们在日常生活中的一些积累即可知道，所谓实验法就是将生活中某些较为大型的、不易操作的缩放到一个实验室中进行实验，如果在小环境中能够得到良好的实验结果，那么，将其还原现实，同样能获得与之相近的效果。

三、资料的收集与分析

资料的搜集可以让设计概念更加丰富、饱满，为设计概念的生成提供更多的参考与帮助。资料分析则是通过一定的方式及方法归纳、总结、分类各种信息，并加以整理，使其合理化、清晰化，为设计概念的生成做充足的准备。

设计信息资料收集须遵循目的性、完整性、准确性、适时性、计划性和条理性原则。

（一）搜集内容

设计资料的搜集内容要丰富、广泛、全面还要有条理和针对性，才能为产品设计提供充足的前提保障，具体可以分为需求类资料、销售类资料、科技类资料、生产类资料、费用类资料和方针类资料。

1. 需求类资料

（1）用户会根据自己所处的环境和条件，基于使用目的，选择符合自己条件的产品。

（2）不同的用户因要求不同的性能，自然也会选择不同的产品。

（3）在选择产品的时候，可操作性、安全性与可靠性是首先应考虑的，与此同时，产品的维修性也是用户选择的一个重要参考指标。

（4）由于审美的不同，用户对外观的要求也各不相同，外观要求包括外形、颜色等。

2. 销售类资料

（1）掌握相关的市场趋势，能对市场做出相关预测，与此同时还要掌握市场上同类产品的销售情况，做到知己知彼。

（2）时刻关注同类产品的竞争对手，及时掌握同类产品的变化。

（3）关注国家或地方的政策变化，做到及时调整，合理规划。

（4）本产品的市场占有率情况。

3. 科技类资料

（1）关注国际上同类产品的研发历史与演变，并预测未来的变化。

（2）相关的同类产品的技术资料要有所掌握，

（3）国内外相关产品的各方面的创新与研究，例如产品、工艺、结构、材料等。

（4）相关创造的专利与相应的价格。

4. 生产类资料

（1）目前生产同类产品的厂家所使用的工艺方法、设备、原材料，检验方法、包装、运输方式及实际产量。

（2）本企业的生产能力、工艺装备、工艺方法、检验方法、检验标准、废品率、厂内运输方式、包装方式等。

（3）企业的设计研制能力，设计周期、研制条件、试验手段等。

（4）原材料及外协件、外购件种类、数量、质量、价格、材料利用率等。

（5）供应与协作单位的布局、生产情况、技术水平、成本、利润、价格等。

（6）厂外运输方面的情况。

5. 费用类资料

（1）目前不同厂家生产同类产品的各种消耗定额、利润、价格等情报。

（2）本企业的产品、部件、零件的定额成本，工时定额、材料消耗定额、各种费用定额，材料、配件、半成品成本以及厂内计划价格。

（3）本企业历来的各种有关成本费用的数据。

（4）产品的寿命周期费用资料，如产品使用过程中的能源、维修、人工费用等。

6. 方针类资料

政府有关技术发展、能源使用方面的政策和规定；政府有关环境保护、三废治理方面的政策、法规、条例、规定；政府有关劳保、安全生产方面的政策；政府有关国际贸易方面的条规。

（二）搜集计划

为保证资料搜集工作能够顺利地进行，并实现搜集的目的性、完整性、准确性、适时性等，必须编制资料搜集计划。编制资料搜集计划的内容如图 3－1－2 所示。

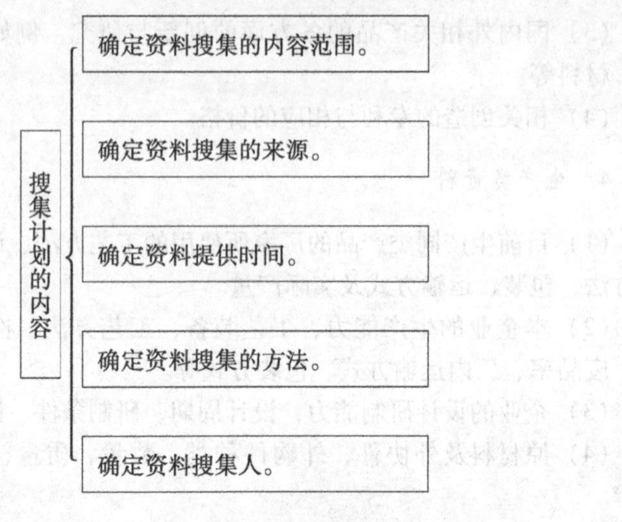

图3-1-2 搜集计划的内容

（三）资料分析

问题分析要条理清晰，不能盲目冲动，为了完成设计目标，问题分析需要了解以下几个方面。

1. 消费者分类及需求分析

将数种不同的消费群体加以分类，由此而了解消费大众的组成结构，进行最有针对性的市场开发。例如，少女需求的是色彩、风格和时尚；学生群体需求功能、实用等。

2. 市场上现有各类产品的特性分析

将市场现有产品的各项特点，如厂牌、功能、特色、诉求重点、价格、使用材料等详细列出，以此来比较各竞争品牌产品的优缺点。

3. 竞争产品诉求形象分析

设计师将竞争对手诉求消费者的重点分析出来，同时拟出自己新产品的设计重点。如东芝公司在开发“随身听”产品时，分析索尼公司同类产品的诉求重点是“高品质”“高技术”，因此将自己产品风格定为“高时尚”，其主要目标市场针对年青女性。

4. 产品相关文化环境分析

产品必须能够切实带入使用者的生活环境，才会受到消费者的欢迎。

因此，在设计、开发新产品时，必须研究其相关的文化环境。例如，在开发相关时尚的产品如“随身听”时，设计师们要收集社会上流行的事物加以分析，如服装、运动、化妆品等信息；而在开发微波炉、冰箱等厨房用品时，设计师就尽力收集有关各种家庭厨房及居室空间的形态、尺度、陈设及色彩等信息。

产品设计的构成不是由某个单一因素决定的，而是由多层面、多方位、错综复杂的因素所组成的。产品设计的目的是把众多因素各自协调到一个最佳点上。明确设计目标的目的是为了寻求解决问题的方向，以便进行设计展开，进行设计构思。

第二节　产品设计的构思和定位分析

产品设计的构思和定位分析阶段是通过效果图、书写报告等形式给产品设计的雏形以清晰的定位，并能结合产品概念的内涵与外延对产品的形态及功能有一个系统、完整的理论分析过程，是整个设计环节的关键所在。

一、产品设计的构思与生成

产品概念是对产品所使用的技术、原理和形式构思等的描述，简洁地阐述了产品是如何满足顾客需要的。设计概念通常表示成一种梗概，由简洁的书面文字描述或者是用粗略的三维模型表示。品牌产品在推出新产品的时候，往往为新产品设计一种概念，用以彰显产品的优势。例如，彩电中的“纯平”“镜面”，空调中的“双频”“环绕风”等，都直接提示产品的突出优势，这些形象的“说法”成了产品的最大卖点。

（一）产品设计的构思

产品设计中，产品概念是指已经成型的产品构思，即用文字、图像、模型等予以清晰阐述，使之在顾客心目中形成一种潜在的产品形象。一般用文字来表达或用图片来描述产品概念。通常，一个完整的产品概念由四个部分组成（图3－2－1）。

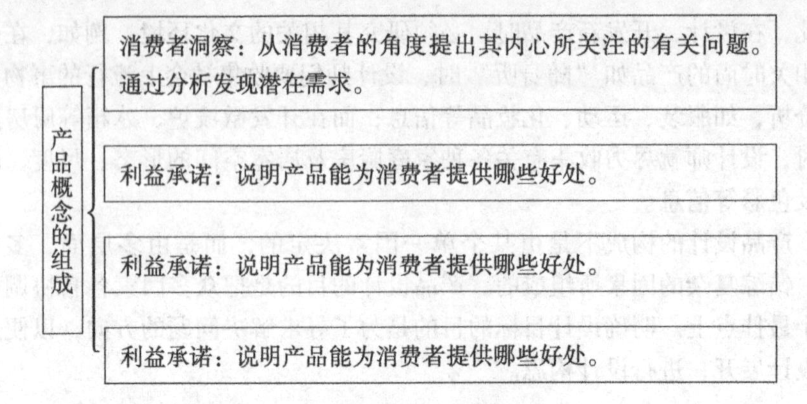

图 3－2－1　产品概念的组成

（二）产品设计的生成

与其他开发过程相比，产品设计的生成过程成本比较低，速度比较快。一般情况下，生成的花费不到预算的 5%，所用时间不超过开发时间的 15%。常见的生成方法是五步概念生成法（图 3－2－2）。

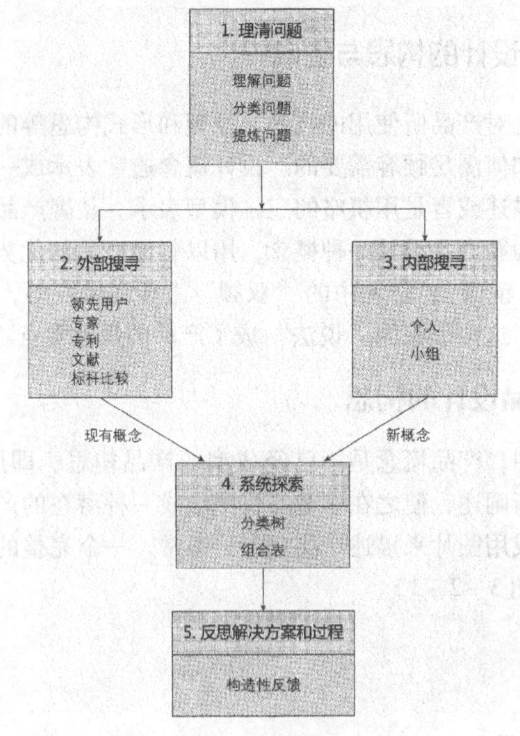

图 3－2－2　五步概念生成法

该方法首先将复杂的问题分解成多个简单的小问题，然后通过外部和内部研究程序为这些小问题找到解决办法，然后使用分类树和组合表法进行系统开发，并最终整合成一个总的解决方案，最后是反馈和控制。

1. 理清问题

（1）理解、分类问题

在产品设计之初，总会遇到各种各样的问题，把这些问题按照一定的理解进行归纳、分类至关重要。例如，按照产品的功能分类。功能是产品或技术系统特定工作能力的抽象描述。功能与用途、能力、性能等概念不尽相同。设计师可以根据产品功能的各种特点将设计概念进行分类。再如，按照客户需求分类。客户需求是设计师最应该关注的，也是设计成功的关键所在。客户需求并不是单一、一成不变的，这就要求设计师能够灵活、准确地把握。因此，合理地分层次、分类问题，有助于设计师的工作。

（2）提炼问题

提炼问题是在问题分类的基础上，对各种问题加以总结、概括，找出各种问题的共同点和交叉点，从而找出设计的关键点。设计的关键点问题对产品开发成功最为关键，并且可能带动整个开发过程中各类问题的解决。

2. 外部搜寻

外部搜寻的目的是为提炼出的关键问题寻找已有的解决方法。通常有以下两种方法。

（1）运用已存在的解决方案

这种方法通常比开发一种新方案更快捷、更便宜，而且可以使开发人员将精力集中于关键的子问题，或一些没有现成解决方案的子问题上。一些常规解决方案和几个新颖的解决方案组合在一起，就形成了一个新颖的全局解决方案。

（2）运用二手信息深入挖掘

外部研究通常贯穿于整个概念生成的全过程。其本质上是一个二手信息的收集过程，通过广泛收集可能与问题有关的信息，可以扩大研究范围。然后，再将搜索范围集中在有前景的方向，进行更深的挖掘。

上述两种研究方法应该均衡使用，过度使用其中之一会使研究效率降低。通过外部搜寻可以更加有效地利用时间和资源。

3. 内部搜寻

内部搜寻是用个人和开发团队的知识和创造性来生成解决办法。这个步骤中生成的所有概念都是从开发小组成员已有的知识中产生的。如何挖掘出开发小组成员的潜力和创造力，掌握四个原则非常有用（图3-2-3)。

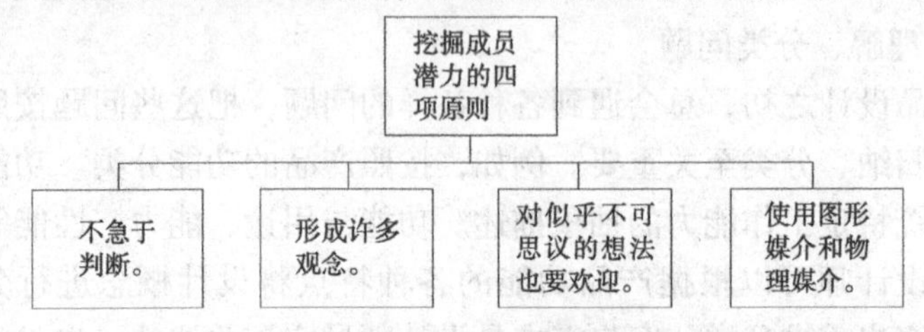

图3-2-3 挖掘成员潜力的四项原则

4. 系统探索

系统开发的目的在于通过组织和系统化前面步骤中开发的大量解决方法，来研究开发的可能性。

5. 反思解决方案和过程

反思环节是对解决方案和设计过程的反思，不仅有助于设计概念的完善，也为未来设计的发展做了很好的铺垫。

二、产品设计定位分析

不管是读者还是产品的设计人员，在我们心里都非常清楚，设计师所设计出的产品最终的使用人群是消费者，因此，设计者所要遵从的第一原则就是将设计的立场放在消费者身上，要以“一切为消费者服务”为宗旨来进行设计。

随着时代的发展，产品设计也在不断更迭，市场的竞争也变得越来越强。同一类产品，其设计越精良，同比实用价值越高就会越能博得消费者的喜爱。因此，如果想要使设计出的产品能占据一席之地，就必须在设计之初找好立足点，明确设计定位。

（一）准确定位设计产品

设计定位是指在设计前期资讯搜集、整理、分析的基础上，综合一个具体产品的使用功能、材料、工艺、结构、尺度和造型、风格而形成的设计目标或设计方向。在产品开发设计中准确确定设计定位会取得事半功倍的效果。目前，在产品设计过程中，准确定位产品设计的步骤主要如下。

1. 审视与分解设计目标

面对一个具体的开发项目，设计师都必须以全新的视点进行审视。在审视之前，设计师必须把头脑中的现有模式和陈旧经验暂时甩掉，要不抱成见地审视设计目标，尽情发挥自己的创意灵感去开发设计出新的产品。

分解设计目标更容易清晰、准确地定位产品。在动手设计和勾画草图之前，首先要弄清楚设计定位中的相关元素，把产品开发的目标进行细化分解，甚至可以列出一个基本的提纲和框图，从产品构成元素的细化分解中获得准确的产品定位。例如，一张电脑桌的设计定位。首先，就目前电脑桌的状态应大量收集同类或相关电脑桌的资料，在造型、材料、结构、功能及价格等方面进行分析与比较。然后，针对其中的相关构成元素进行分解。工作台板、屏幕显示器、主机柜、键盘操作、电脑工作台、SOHO办公家具与打印、传真、扫描等输出与输入设备的关联，人体工学尺度、色彩、国际上最新电脑的流行款式与造型、智能化建筑与家具，网络与家具等问题，从中发现、寻找明确设计目标中的有效诉求点。

2. 确定最佳设计点

设计定位是进行产品造型设计的前提和基础，在整个新产品开发设计议程中起着引领设计方向和目标的作用，所以要先确定。但是，设计定位是一个理论上的总要求，主要是原则性、方向性的，甚至是抽象性的。在设计师创作之初，创意总是发散性的、灵活的、不确定的，因此，设计的定位点也就呈现出多种类、多样化的特点。设计过程是一个思维跳跃和流动的动态过程，由概念到具体、由具体到模糊，是一个反复的螺旋上升的过程。所以，设计目标设定的本身就是一个不断追求最佳点的形成，也是设定产品开发的战略方针。

所谓最佳设计点，是指既能满足消费者需求，又能兼顾设计师的创意的结合点，是在设计师与消费者之间寻求的一种平衡。产品设计是一个关系到众多因素的系统设计，也是一个不断滚动性的连续工作环节，因此，追求设计目标的最佳点，应集多种条件和基本元素为基点，在这个基础上进行定性定量的分析，根据这些目标反推构思确立设计定位，这种过程是追求设计目标最佳定位的开发战略。

3. 分析设计定位

产品的设计定位关系到产品设计的大局，是设计成功的关键所在。产品设计是一种由多重相关要素构成的方法系统，在设计实践中，又是一个动态的变化过程，受外部和内部条件影响很大。因此，设计系统的构成变化多端。产品设计构成表现非常复杂，产品设计构成既有感性的一面，又有理性的一面，感性的一面表现为无定数和定理的变换过程，理性的一面表现为一定原理支撑下的必然构成。因此，用定性定量分析的方法来分析评价产品设计开发构成，就可以更清晰地理清设计脉络，使设计目标更明确，设计方法更易掌握和操纵。

以椅子开发设计为例，当我们用数据化定量和概念化定性的分析方法来看待椅子开发设计过程时，使椅子的开发设计无论在有形的数字化定量上，还是在无形的理性概念上，都有清晰明确可度量的量化指标结构对产品开发设计进行评价，便于我们控制掌握整个设计开发过程。产品的设计定位是产品开发设计的行动指南，只要认真贯彻，才能有效树立产品形象，并占领消费者的心灵。

（二）书写设计报告

首先，书写产品设计报告书，必须有一个概念清晰的编目结构。该结构将整个设计进程中的一个个主要环节定为表述要点，层层推进，要求概念清晰、内容翔实、图文并茂、主题明确、视觉传达形象直观、版式封面设计讲究、装订工整。

其次，在具体表述内容的构成上，文字要简练、可读性强、把抽象的概念图形化、把数据内容设计成图表模型、围绕产品开发的构成重点突出主题。

最后，从设计项目的确定、市场资讯调研与分析、设计定位与设计策划、初步设计草图创意、深化设计细节研究、效果图与模型、生产工艺图等层层推进，最终展现整个产品开发设计的完整过程。

（三）绘制设计草图与效果图

设计草图是设计师创意最原始、最简洁的表达；设计效果图则更能准确、清晰地表达设计创意。绘制设计草图与效果图不仅能够将设计师脑中的产品创意以图形的形式展现出来，而且能够举一反三、比较分析设计创意，达到较好的设计效果。

1. 设计草图

设计草图，是设计师将自己的想法由抽象变为具象的创造过程。它实现了抽象思考到图解思考的过程，是设计师对设计对象进行推敲理解的过程。在设计草图（图 3－2－4）的画面上往往会出现文字注示、尺寸标定、颜色推敲、结构展示等，这种理解和推敲的过程是设计草图的主要功能。

图 3－2－4　手机保护套设计草图

根据性质不同，设计草图可以分为以下四类（图 3－2－5）。

设计草图的分类

- 设计概念草图。设计初始阶段的设计雏形，以线为主，多是思考性质的，一般较潦草，多为记录设计的灵光与原始意念，不追求效果和准确。
- 解释性草图。解释性草图是以说明产品的使用和结构为宗旨，基本以线为主，附以简单的颜色或加强轮廓，经常会加入一些说明性的语言。偶尔还有运用卡通式语言的绘制方式，多为演示而用，以画面清晰、关系明确为主。
- 结构草图。结构草图多要画透视线，辅以暗影表达，主要目的是为证明产品的特征、结构和组合方式，以便设计师之间沟通、研究、探讨。
- 效果式草图。效果式草图是设计师比较设计方案和设计效果时用的，有时候也在评审时用，以表达清楚结构、材质、色彩为主。

图 3－2－5　设计草图的分类

2. 设计效果图

效果图是对设计师抽象思维的形象化的表达。效果图是设计方案的其中一部分，在设计范围基本确定后，用较为正式的设计表达，目的是直观地表现设计结果，以便在设计师之间或设计师与客户之间进行交流。效果图的表现要准确地表达形体的透视和比例，其光影、色彩要遵从现实规律，明确地表达产品的质感，在不夸张的前提下适度地概括、取舍。产品设计效果图根据表现手法的不同可以分为手绘效果图和电脑效果图两大类。

(1) 手绘效果图

手绘效果图是将设计内容用手绘的方式，以较为接近真实的三维效果展现出来。在当今日益发达的计算机效果面前，手绘能够更直接地同设计师沟通。虽然近年来运用电脑制作手段多一些，但从艺术效果上看，远远不如手绘效果图生动。因此，手绘效果图是产品设计师应当掌握的基本设计表现技法。

手绘效果图同一般的绘画作品不同，往往受到描绘对象生产工艺的制约，较为重视工具的使用。手绘效果图常用工具包括笔、纸、尺、规以及辅助工具。

①笔

笔的种类繁多，就产品设计而言，常用的有铅笔、钢笔、马克笔、彩色铅笔、色粉等。

A. 铅笔

线条厚重朴实，利用笔锋的变化可以做出粗细轻重等多种线条的变化，非常灵活，富有表现力，可以擦除错误的线条（图3-2-6）。

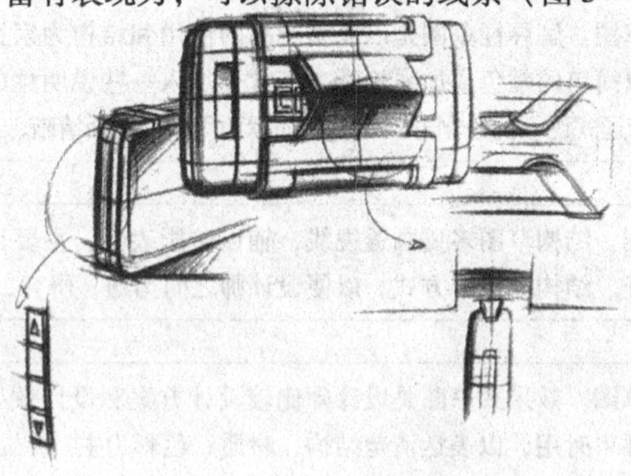

图3-2-6　铅笔效果图

B. 钢笔

钢笔效果图干脆利落、效果强烈。钢笔不能拭擦，因此在下笔前要仔细观察表现对象，做到胸有成竹，一气呵成。

C. 马克笔

马克笔是专为绘制效果图研制的，在产品效果图中，马克笔效果图表现力最强，因此，学习产品设计表现技法，必须掌握好马克笔的使用方法。马克笔线条流畅、色泽鲜艳明快、使用方便。其笔触明显，多次涂抹时颜色会进行叠加，因此要用笔果断，在弧面和圆角处要进行顺势变化。按色彩分类，马克笔可分为彩色系和黑色系；按照墨水的性质分，包括水性、油性和酒精性三种。在当今发达国家的工业设计领域，许多公司的产品设计方案评估都是围绕马克笔效果图进行的（图3－2－7）。

图3－2－7　马克笔效果图

D. 彩铅

彩色铅笔，是效果图绘制的常用工具。主要通过加色和勾勒线条来绘制彩铅效果图（图3－2－8）。根据笔芯的不同，可以分为蜡质彩铅和粉质彩铅。此外，还有一种水溶性的彩铅，着色后用毛笔蘸水晕开，可以进行色彩的渐变过渡，模拟水彩效果。

图3－2－8　彩铅效果图

E. 色粉

色粉效果图色彩柔和、层次丰富，在效果图中通常用来表现较大面积的过渡色块，在表现金属、镜面等高反光材质或者柔和的半透明肌理时最为常用（图3－2－9）。

图3－2－9 色粉

②纸

纸的种类也有许多，在效果图的设计中，常用的纸有马克纸、复印纸以及素描纸等。

A. 马克纸

马克纸是为马克笔绘制设计的，其洁白、光滑，纸质较厚，反复涂抹也不会透（图3－2－10）。

图3－2－10 马克纸

B. 复印纸

复印纸适合绘制各种类型的效果图，一般分为白色复印纸和彩色复印纸。

C. 素描纸

素描纸适合铅笔、彩铅和水彩、水粉的绘制（图 3－2－11）。

图 3－2－11　素描纸

③尺规

生活中常见的尺规包括直尺和三角尺、曲线尺、椭圆尺、圆规等，下图为尺规的一部分（图 3－2－12）。

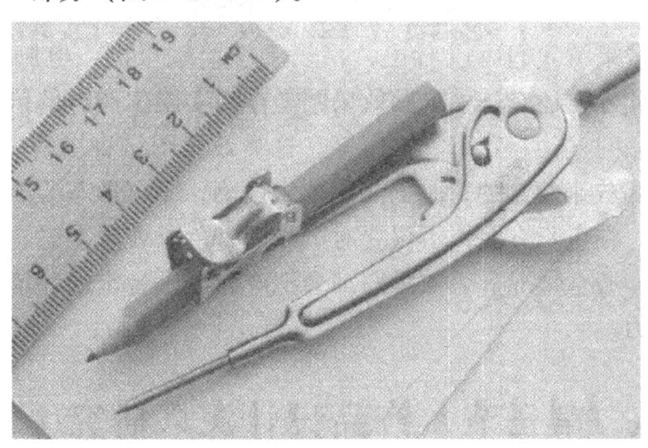

图 3－2－12　尺规

④辅助工具

辅助工具中比较常用的有人机比例模板（用于检测效果图中的人机关系和比例，起对照作用）化妆棉、固定液、底纹刷等。

（2）电脑效果图

电脑效果图，顾名思义是用计算机软件绘制的效果图。随着科技的发展，越来越多的设计师选择使用电脑软件来绘制自己的设计作品。电脑效果图不仅能够精致、准确、快速地表达设计创意，也能使效果图更加栩栩如生。

常用的计算机设计软件可以分为平面软件和三维软件以及动画软件三类。平面类软件主要有 Freehand、Photoshop 等。三维软件主要有 3ds Max、Maya、Rhino、Pro - E 等。就产品设计而言，一般在产品设计草图确定之后，会选择相关的设计软件如 Rhino、Pro - E 或者 3dsMax 来进行效果图绘制，经过建模、渲染等环节最终输出效果图，并用 Photoshop 来进行后期的光线或版式处理。如图 3 - 2 - 13，作者则采用 3ds Max 来表现一款电子书的设计创意。

图 3 - 2 - 13　电子书设计

由上面效果图我们可以看出，相较于手绘效果图，电脑效果图更真实、精致。此外，还有一种电脑效果图是作为实施生产时的依据，同时也可用于新产品的宣传、介绍、推广等。这类效果图是直接利用三视图按 1 :1 或等比例缩放来绘制的，画面品质要求较高，不仅形态要准确，有些还要做出结构；在色彩方面，不仅要对产品固有色彩表现准确，还要考虑环境色的影响。通常情况下，效果图都会把产品放入特定的环境，以加强真实感和感染力。

第三节　产品设计深入研究

设计深入阶段是对设计概念以及设计构思的一种筛选、深入和优化，是产品设计的至关重要环节，主要包括方案评估、设计优化和模型制作三个部分。

一、设计方案评估

设计方案是一个项目设计的大方向。设计方案使一个大型、繁琐、复杂的工作可以条理、有序、高效地实施，同时，设计方案也在整个的产品设计过程中起着引领、指导的作用。方案草图到一定程度后，就必须对所有的设计想法进行筛选。初步筛选的目的是去掉一些明显没有发展前途的设计概念，所保留的设计发展方向可宽一些。这样可以使设计师集中精力对一些较有价值的设计概念作进一步的深入设计。因此，在设计方案开始实施之前，要有严格的原则和方法。

（一）评估原则

设计概念的评估是一个连续的过程，它始终贯穿在整个设计过程中，选择是评估的最终目的，要达到评估目的，首先要确立一个评估原则。可以参考以下几个方面。功能要素；结构要素；形态关系；人机关系；环境要素。

（二）评估方法

根据评估原则，可用坐标法去分析、评估；在评估过程中，也可就产品的某些局部单独做多项设计；

二、设计优化

所谓设计优化，即在产品设计开发时注意材料、器件以及工艺等因素的选用，以合适的而不是最好的物料用于新产品中，使得产品在保持性能满足市场要求的情况下达到最低的成本。设计优化是在产品设计深入阶段对产品的造型、功能以及适应市场能力的一项重要环节。主要包括成本核算法、类比降价法、招标竞价法和规模效应法四个方法。

（一）成本核算法

所谓成本核算法，就是通过一些科学的方法对部件的成本进行评估和核算，确保部件的价格的合理性。

成本核算不是对每种部件都能进行，一般来说应用于加工较为简单的钣金、注塑等行业，价格的核算也比较简单，一般为：部件价格 = 材料成本 + 加工费用 + 合理利润。

（二）招标竞价法

所谓招标竞价法，就是通过组织供应商进行招标，利用这种方式实现零部件降价。

（三）规模效应法

规模效应法，是指企业将原先分散在各单位的通用物料的采购集中起来，从而形成规模优势，在购买中通过折扣、让利等方式实现降成本的方法。

三、设计模型制作

模型，是产品设计过程中主要的设计表现手段之一，是以立体的形态表达特定的创意，以实体的形体、线条、体量关系等元素不同程度地表现设计思想，使设计思想结晶化为视觉和触觉的近似真实的设计方案，是设计深入阶段不可或缺的环节之一。

（一）产品模型制作的目的与作用

1. 产品模型制作的目的

制作模型的目的是设计师将设计的构想与意图综合美学、工艺学、人机工程学、哲学、科技等学科知识，凭借对各种材料的驾驭，用以传达设计理念、塑造出具有三维空间的形体，从而以三维形体的实物来表现设计构想，并以一定的加工工艺及手段来实现设计的具体形象化的设计过程。

在设计过程中，模型制作具有诸多的现实意义。以三维的形体来表现设计意图与形态，使得模型具备了基本的说明性意义；在模型制作过程中以真实的形态、尺寸和比例来达到推敲设计和启发新构想的目的，成为设计人员不断改进设计的有力依据，也为设计师的创意带来了诸多的启发；模型制作以合理的人机工学参数为基础，探求感官的回馈、反应，进而求取合理化的形态；以具体的一维的实体、翔实的尺寸和比例、真实的色彩和材质，从视觉、触觉上充分满足形体的形态表达、反映形体与环境关系的作用。使人感受到产品的真实性，从而更好地沟通设计师与消费者彼此之间对产品意义的理解。

2. 产品模型制作的作用

由于手绘效果图和电脑效果图都是以二维平面形式来反映三维的立体

内容，不能够真实反映产品的面貌。在现实中，虚拟图形、平画图形与真实立体实物之间的差别很大。

在设计的过程中，模型制作提供给设计师想象、创作的空间，具有真实的色彩与可度量的尺度、立体的形态表现。与设计过程中二维平面对形态的描绘相比，能够提供更精确、更直观的感受，是设计过程中对方案进行检讨、推敲、评估的行之有效的方法。

模型制作还提供了一种实体的设计语言，使消费者能与设计师产生共鸣。所以模型制作也是沟通设计师与消费者对产品设计意图理解的有效途径。模型制作作为产品设计过程的一个重要环节，使整个产品开发设计程序的各阶段能有机地联系在一起。此外，模型制作也可作为产品在大批量生产之前的原型，成为试探市场、反馈需求信息的有效手段，在缩短开发周期、减少投资成本方面起着不可低估的作用。

（二）产品模型制作的分类

在设计过程中，设计师在设计的各个阶段，根据不同的设计需要而采取不同的模型和制作方式来体现设计的构想。针对设计师的多种需求，模型设计也有了诸多分类。通常，按照在产品设计过程中的不同阶段和用途主要可分为三大类：研讨性模型、功能性模型、表现性模型。

1. 研讨性模型

研讨性模型又可称为粗胚模型或草模型。这类模型是设计师在设计的初期阶段，根据设计的构想，对产品各部分的形态、大小比例进行初步的塑造，作为方案构思进行比较、对形态分析、探讨各部分基本造型优缺点的实物参照，为进一步展开设计构思、刻画设计细节打下基础。

（1）研讨性模型

研讨性模型的特点是，只具粗略的大致形态，大概的长宽高度和大略的凹凸关系。没有过多细部的装饰、线条，也没有色彩，设计师以此来进行方案的推敲。一般而言，研讨性模型是针对某一个设计构思而展开进行的，所以在此过程中通常制作出多种形态各异的模型，作为相互的比较和评估。

（2）研讨性模型

研讨性模型主要采用概括的手法来表现产品造型风格、形态特点、大致的布局安排，以及产品与人和环境的关系等。研讨性模型强调表现产品设计的整体概念，可用作初步反映设计概念中各种关系变化的参考之用。由于研讨性模型的作用和性质，在选择材料时一般以易加工成型的材料为原则。如黏土、油土、石膏、泡沫塑料、纸等常作为首选材料。

2. 功能性模型

功能性模型主要用来研究产品的形态与结构、产品的各种构造性能和机械性能，以及人机关系等，同时可作为分析检验产品的依据。功能性模型的各部分组件的尺寸与机构上的相互配合关系，都要严格按设计要求进行制作。然后，在一定条件下做各种试验，并测出必要的数据作为后续设计的依据。例如，车辆造型设计在制作完功能模型后，可供在实验室内做各种试验。

3. 表现性模型

表现性模型是用以表现产品最终真实形态、色彩、表面材质为主要特征。表现性模型是采用真实的材料，严格按设计的尺寸进行制作的实物模型，几乎接近实际的产品，并可成为产品样品进行展示，是模型制作的高级形式。

表现性模型对于整体造型、外观尺寸、材质肌理、色彩、机能的提示等，都必须与最终设计效果完全一致。表现性模型要求能完全表达设计师的构想，各个部分的尺寸必须准确，各部分的配合关系都必须表达清晰，模型各部位的材质、质感都必须充分地得到表现，能真实地表现产品的形态。真实感强，充满美感，具有良好的可触性，合理的人机关系，和谐的外形，是表现性模型的特征，也是表现性模型追求的最终目的。这类模型可用于摄影宣传、制作宣传广告把实体形象传达给消费者。设计师可用此模型与模具设计制作人员进行制造工艺的研讨，估计模具成本，进行小批量的试生产。所以，这种模型是介于设计与生产制造之间的实物样品。

总之，表现性模型重点是保持外观的完整性，注重视觉、触觉的效果，表达外形的美感。

（三）产品模型制作的材料

随着社会的发展，产品模型被广泛应用于分析、鉴赏、展示和评价等多个研究领域。不同的用途决定制作模型的材料也不相同。产品模型的制作材料繁多，主要有黏土模型、石膏模型、玻璃钢模型、泡沫模型、塑料模型、纸材模型、木质模型和金属模型等。这里主要讲述黏土模型和石膏模型。

1. 黏土材料模型

黏土模型是用黏土材料来加工制作的模型。黏土，是含沙粒少、有黏性的土壤，水不容易流失，质地细腻，有良好的可塑性，修刮、填充方便，可反复使用。根据制作泥模型的黏土材料，可以分为水性黏土模型及油性黏土模型两大类。

（1）水性黏土模型

水性黏土模型由于塑性极强，在塑造过程中可以反复修改，调整、修刮、填补方便，取材容易，价格低廉，又可以反复使用，因此是一种比较理想的造型材料。但是，如果黏土中的水分失去过多则容易使黏土模型出现收缩、龟裂甚至产生断裂现象，不利于长期保存。此外，在黏土模型表面上进行效果处理的方法也不是很多，制作黏土模型时一定要选用含沙量少的黏土，在使用前要反复加工，把泥和熟，使用起来才方便（图 3－3－1）。

图 3－3－1　水性黏土模型

（2）油性黏土模型

油性黏土模型可塑性强，久不变质。主要用于工艺品、塑胶开模、学生雕塑，可循环使用。油性黏土模型，是用油泥材料来加工制作的产品模型。这类模型的特点是可塑性好，经过加热软化，便可自由塑造修改，也易于粘接，不易干裂变形，同时可以回收和重复使用。特别适用于制作异形形态的产品模型。油泥的可塑性优于黏土，可进行较深入的细节表现。缺点是制作后重量较重，怕碰撞，受压后易损坏，不易涂饰着色，油泥模型一般可用来制作研讨性草模型或概念模型（图 3－3－2）。

图 3-3-2　油性黏土模型

2. 石膏材料模型

石膏，是一种含水硫酸钙的矿物质，是一种呈无色、半透明、板状结晶体。石膏粉质地比较细腻，且价格便宜，取材方便，可以浇注成各种各样的形状长期保存。

石膏模型，是用石膏材料来加工制作模型。其特点是具有一定强度，成形容易，不易变形，可涂饰着色，可进行相应细小部分的刻划，价格低廉，便于较长时间保存。以石膏材料制作的模具可以对模型原作形态进行忠实翻制。不足之处是较重，怕碰撞挤压。一般用于制作形态适中、细部刻划不多、形状也不复杂的产品模型（图 3-3-3）。

图 3-3-3　石膏模型

（四）产品模型的制作技法

产品模型的制作方法很多，常见的制作方法包括黏土模型、石膏模型、树脂模型等。接下来主要讲述黏土模型的制作技法和石膏模型的制作技法。

1. 黏土模型的制作技法

在以黏土为主要材料的模型制作过程中，常要采用雕塑法对材料进行加工制作，最终达到对产品形态的塑造和把握。“雕塑”作为立体造型的一种方式和技艺手段，也有两种基本方法：一是“雕”，或称“雕刻”；二是“塑”，即通常所说的“塑造”。

“雕”或“雕刻”，主要是指在非塑性的坚硬固体材料上，借助具有锋利的刃口的金属工具进行雕、凿、镂、刻，去除多余的材料。以求得所需要的立体对象。如石雕、木雕、牙雕、砖刻等。其中“雕”与“刻”也小有差异：“雕”一般是对较大面积材料的切除，常指对整体性立体对象的雕制；而“刻”则多相对表层或浅层小面积材料的剔除，如扁体性的石刻、木雕等。但无论是“雕”还是“刻”，都是由大到小，由外向里，把材料逐步减去而求得的造型。“塑”就不同了。“塑”的主要特点，是利用柔韧的可塑性材料易于塑造变形的性质，主要通过手和工具的直接操作，从无到有，从小到大，由里向外来完成对形体的塑造。无论是以“雕”为主，还是以“塑”为主，还是二者结合使用，黏土模型随着模型行业的发展，在产品模型行业中的地位都是不容忽视的。

2. 石膏模型的制作技法

为了使产品模型可以长久保存下去，人们通常采用将泥模型翻制成石膏模型的方法来保存作品，以便长久地保留所塑造的产品形态，同时也可以通过制作石膏模具的方法进行多次复制原形。由于采用石膏模具的方法翻制产品模型成本低，不需运用太多的工具，操作占地面积小，操作简单，所以一直被广泛地应用于艺术设计、模型制作的领域。在模型成型技法中，这是一种重要的、也是最常用的成型方式。其调制方法如下所示。

（1）准备好盆和石膏粉。

（2）先在盆中加入适量的水，再慢慢把石膏粉沿盆边撒入水中。

（3）直到石膏粉冒出水面不再自然吸收沉陷，稍等片刻，就用搅拌棒搅拌，要快速有力、用力均匀，成糊状即可。

（4）石膏调制比例为：一般车制用石膏浆，水:石膏 =1:1.2～1.4；削制用石膏浆，水:石膏 =1:1.2 左右；模型翻制用石膏浆，水:石膏 =1:1.4～1.8。

（5）注意剔除石膏浆里的硬块和杂质。

第四节 产品设计的工艺设计

产品的工艺设计与材料是密不可分的。在设计中，除了少数材料所固定的特征以外，大部分的材料都可以通过表面处理的方式来改变产品表面所需的色彩、光泽、肌理等需要。通过改变产品表面的色彩、光泽、纹理、质地等方式，可以直接提高产品的审美功能，从而增加产品的附加值。

在产品工艺设计中要根据产品的性能、使用环境、材料性质等条件正确选择表面处理工艺与材料，使材料的颜色、光泽、肌理及加工工艺特性与产品的形态、功能、工作环境匹配适宜，以获得大方美观的外观效果，给人美的感受。这一节我们主要讲塑料材料的工艺设计和木材的工艺设计，以此来论述产品工艺设计的重要性。

一、塑料材料的工艺设计

塑料是指以高分子量的合成树脂为主要组分，加入适当添加剂，如增塑剂、稳定剂、阻燃剂、润滑剂、着色剂等，经加工成形的塑性材料，或固化交联形成的刚性材料。塑料是重要的高分子材料，始创于 1907 年。经过百年的发展，从人们的日常生活到国家的国防建设，到处都能看到塑料的身影。这种人工合成材料在人类发展历史上扮演了重要的角色，不仅极大地丰富了人们的物质需求，也潜移默化地影响着人们的消费观念。毫不夸张地说，当今世界就是一个塑料的世界。

塑料的种类很多，按照用途可分为通用塑料和工程塑料；按照加热时的表现则可分为热固性塑料和热塑性塑料。与其他材料相比，塑料容易成形、强度高、质量轻、性能稳定、有多种表现形式、适合批量生产，因此成为备受设计师青睐的造型材料。塑料制品坚硬，易压出、易染色、难燃、耐冲击、表面性佳，但是，其耐溶剂性差、低介电强度、低拉伸率。塑料在产品设计中得到广泛的应用，例如在机械工业领域用来制作齿轮、轴承、把手、管道、机器外壳等；在电子电器领域用 ABS 塑料制造各种电话机、听柄、指孔盘、手持话筒、手柄等，还可以制造吸尘器、洗衣机、打字机、计算机、仪器表、电风扇、电吹风的外壳和零部件；在汽车工业领域，制作方向盘、手柄、仪表盘、汽车外壳等；航空工业领域：ABS 塑料在飞机上应用正逐渐增加，如用 ABS 塑料做机舱的花纹装饰、仪表盘、机罩等，可以减轻飞机重量。

一般来说，塑料的着色和表面肌理装饰，在塑料成形时可以完成，但是为了增加产品的寿命，提高其美观度，一般都会对表面进行二次加工，进行各种装饰处理。塑料的表面处理可分为表面机械加工处理、表面镀覆处理、表面装饰处理等三类。

（一）表面机械加工处理

表面机械加工处理时为了使产品达到平滑、光亮、美观的效果。通常使用的手法是磨砂、抛光。这两种方式是常见的表面处理技术，也经常用在塑料材料的加工中。

设计师劳尔·巴别利设计这款“生态”垃圾桶是想使其成为一个清洁、小巧、有亲和力的产品。它分为三个部分：最大的是废料桶，小的是生态桶，可以放在大桶的里面以及外沿。使用了不透明的 ABS 塑料，内壁经过了抛光处理，光滑的表面更加易于清理（图 3－4－1）。

图 3－4－1　生态垃圾桶设计

（二）表面镀覆处理

表面镀覆处理是为了装饰产品结构的表面，美化产品形态，并且达到耐老化、抗腐蚀的效果。主要采用的方式包括热喷涂、电镀、贴膜离子镀等。

1. 热喷涂

热喷涂，是一种采用专用设备把某种固化材料加热熔化用高速气流将其吹成微小颗粒加速喷射到基件表面上，形成特制覆盖层的处理技术。这种表面处理方式可以使基件耐蚀、耐磨、耐高温，达到长久的使用效果。

2. 离子镀

离子镀，是在真空条件下，利用气体放电使气体或被蒸发物质离子化，在气体离子或被蒸发物质离子轰击作用的同时，把蒸发物或其他反应物蒸镀到基件上。这种方式可以延长基件的使用寿命、赋予被镀材料光泽和色彩，使产品更具审美特性。

设计师汤姆·迪克森设计的镜球灯看起来像是金属做的，实际上它的材质是塑料，只是它们被进行了金属工艺的处理，形成了镜子般的效果。这样的表面使灯的外观具有了反射的效果，具有强烈的太空感。该系列灯具分为吊灯、落地灯、桌面灯和地面灯等（图3－4－2）。

图3－4－2 灯具设计

（三）表面装饰处理

表面装饰处理使得产品更具装饰性，抗腐蚀、抗老化，并能展现出与原材料不一样的特质，主要包括涂饰、印刷、贴膜、热烫印等几种方式。

1. 涂饰

涂饰是把涂料涂覆到产品或物体的表面上，并通过产生物理或化学的变化，使涂料的被覆层转变为具有一定附着力和机械强度的涂膜。这种方式通常通过着色等手段，获得产品不同的肌理效果，并能长久地防止塑料老化、耐腐蚀，提高产品的使用寿命。

2. 丝网印刷

丝网印刷就是在丝网上涂一层感光材料，利用其感光前后可溶性的不同，经过感光后将不需要的部分洗去，从而控制何处能透过油墨，何处不能透过。塑料件的丝印，是塑料制品的二次加工中的一种。这种方式可以改善塑料件的外观装饰，使得塑料的外观可以拥有形态各异的图案，丰富多彩的色彩，一般包括平面丝印、间接丝印、曲面丝印等几种方法。

3. 热烫印法

热烫印法是利用压力和热量将压膜上的黏结剂熔化，并将已经镀到压膜上的金属膜转印到塑料件上的方法。热烫印法与贴膜法相似，可以达到传递产品信息并美化产品外观的效果。

如图 3 -4 -3 所示，这款 PP 料（聚丙烯共聚物）的现代风格的档案盒设计。PP 料是一种半结晶的热塑性塑料，具有较高的耐冲击性，机械性质强韧，抗多种有机溶剂和酸碱腐蚀。

图 3 -4 -3　档案盒设计

二、木材的工艺设计

木材是传统的设计材料，自古以来就被用来制作家具和生活器具。由于它是一种天然的材料，所以也是最富有人情味的材料。天然的纹理和色泽具有很高的美学价值，但木材也有一些不可避免的缺点，比如节疤、裂纹、易弄脏等，也影响了木材的使用效果。所以，为了达到好的效果，需要对木材进行表面处理来达到满意的设计效果。

木材光泽性强，无特殊气味，木材耐腐，抗虫蛀；纹理结构细腻，硬度中等，干燥速度中等，切削容易，切面光滑，油漆后的光亮性良好。这种材质不仅质地轻盈，具有天然的色泽和美丽花纹，而且还具有隔声吸声性，易加工和涂饰，但同时也存在着易变形、易燃的缺点。

（一）木材的加工工艺

材料本身具有的外观不符合设计要求时，必须采用适当的表面处理方法进行调整，以满足产品设计的要求。木材的加工工艺主要包括雕刻、砂磨、脱色、填孔、染色等。

1. 雕刻

雕刻以锋利的手工工具刻凿装饰木质物件的艺术称为木刻。通常指以此法制成或装饰过的木器。木雕刻工艺品是雕塑的一种，一般选用质地细密坚韧，不易变形的树种如楠木、紫檀、樟木、柏木、银杏、沉香、红木、龙眼等。

木材的雕刻一般要用专门的雕刻刀或雕刻工具。传统木材的雕刻工艺以手工雕刻为主；现如今，随着机器大工业的发展，机器雕刻逐渐盛行，很多木质加工厂都采用先进的雕刻机来完成产品的加工，效率高、收益好。

2. 砂磨

砂磨是指用专业的木砂纸在木材表面进行顺木纹方向的来回研磨的工艺。这种方法主要是去除在木加工过程中由于锯、削、刨时，将木纤维切割断裂而残留在木材表面上的木刺，使木材表面更平滑。主要包括利用机器进行抛光、擦亮的机械砂磨、利用砂纸的手工砂磨两种方式。

3. 脱色

脱色是指用具有氧化—还原作用的化学药剂对木材进行漂白处理。通常用到的化学脱色剂有双氧水、次氯酸钠、过氧化钠。脱色可以使木材表面的色泽获得基本的统一。

4. 填孔

填孔是将填孔料嵌填于木材表面的裂缝、钉眼、虫眼等部位的工艺。这种方式是为了让木质产品的表面平整、光滑，达到整体统一的效果。

5. 染色

染色是为了得到纹理优美、颜色均匀的木质表面，木制品一般需要染色。染色木材的手段一般可分为水色染色和酒色染色两种。

（二）木材在工艺设计中的应用

设计师彼得·斯特曼设计的悬臂套椅，是以榉木胶合板为材料制作的椅子。胶合板的制作过程本身就需要进行砂磨和刨光，以保证表面的平滑。光滑的胶合板在涂上黑漆之后，在光线的照射下呈现出了亚光的效果，给人感觉比较细腻（图 3-4-4）。

图 3-4-4　木椅设计

意大利设计师索特萨斯设计的书架集中体现了“孟菲斯”开放的设计观。色彩艳丽、造型奇特，渗透出一种显见的波普风格，受到战后成长起来的青年一代的喜爱。这款书架设计力图破除设计中的一切固有模式，以表达丰富多样的情趣。以物美价廉的木质材料为主，造型别出心裁，色彩上更以夸张、对比为特色，喜用明快、亮丽的色彩如明黄、粉绿、桃红等。这样的设计似乎在向我们暗示：设计的功能并不是绝对的，而是具有可塑性的，它是产品与生活之间的一种可能的关系。而且，功能不仅是物质上的，也是精神上的、文化上的。产品不仅要有使用价值，更要表达一种文化内涵，使之成为特定文化系统的隐喻（图3-4-5）。

图3-4-5　木质书架设计

木材的切割工艺在产品设计中也得到了广泛的应用。如图3-4-6所示，这款时尚简约的灯具设计，如雕塑一般的形态不禁让人眼前一亮。源自美国加州柏树树干的自然纹理时时刻刻都在向世人展示着自然之美。美国设计师Foeckler的一大爱好就是收藏和制作木雕塑，探索自然中隐藏的美丽。因为每个树干的形状纹理都有不同，所以这样制作出的每个灯都是独一无二的，这也是自然的伟大之处。除了自然纹理的表现，人为的木材切割设计更是增添了这款灯具的层次感。

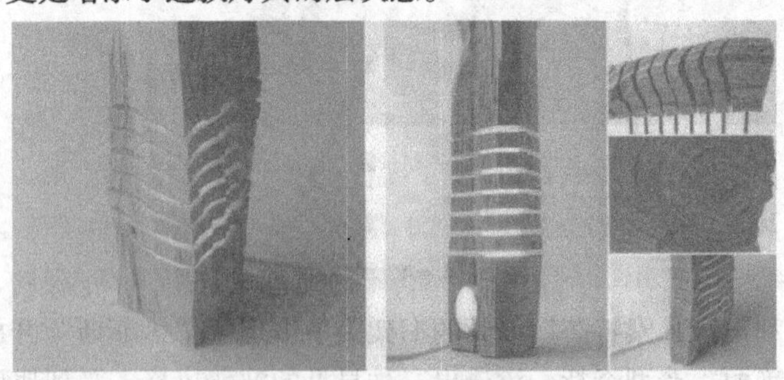

图3-4-6　灯具设计

此外，精细的打磨工艺也可制作出完美的设计产品。打磨产品不仅可以让产品造型看上去精致、美观，也可以完善产品设计的细节，给人一种高品质的生活体验。如图3-4-7所示，这是一组木质餐具设计。该设计摈弃了所有繁杂、多余的设计，只是在造型和工艺上追求最大极致的简约。精细的打磨加工工艺，使得产品透露出一种精致、温馨的生活情调。

图 3-4-7　餐具设计

第四章　产品设计创造力

关于产品设计的相关理论，在前面的章节中已经探讨过。本章我们就产品设计的创造力进行详细论述。首先我们先对创造力这一概念进行具体介绍。

创造力的内涵十分丰富，我们无法对其下一个明确的定义，但是纵观各位专家学者的言论，我们可以对这一概念有一个更加全面的了解。如下所示，很多心理学家已经就其自己的观点发表了看法。

（1）著名心理学家吉尔福德从创造过程的主体意义上总结说："从狭义上说，创造力是指创造者最富有特色的能力。"

（2）美国心理学家沃拉斯等人强调创造活动的过程性。他们认为，创造力是一种特殊的解题能力，在提出问题和界定问题，解题的方法和思路，解题成果等方面均有独到之处。

（3）心理学家沃尔施勒格认为，创造力是人"揭示新的内在联系的能力，是改变现行规范的能力"。

（4）美国心理学家巴伦、布鲁纳等人则认为创造成果是检测创造力的重要标准，创造力强的人自然会获得很多创造性成果，反之则不然。除此之外，创造性成果必须具备新颖性、独创性与价值性。也就是说，一个人如果说他的创造力很强，在与他人看到同样的东西的同时，他要能想到别人所想不到的。

（5）德雷夫达尔从"目的性"出发，认为创造力是人产生任何一种形式思维结果的能力。而这些思维结果在本质上是新颖的，是产生它们的人事先所不知道的。

（6）美国心理学家罗伯·史登堡和特德·鲁巴特在《不同凡响的创造力》中强调："所谓创造力，是带来更新、更好的改变。"他们分析，当一个产品很新颖、很适宜时，那么这就是一个有创意的产品。也就是说，评判一个人或一件事物是否是有创意或创造性的，两个重要标准就是它们的思想或表现形式是否新颖和适宜。就新颖来说，一个新颖的东西一定要有原创性，而且是与众不同的、不同寻常的。所以，创造力是产生有创意的产品的能力。具有创造力的人，是指那些能够把想法落实，用富有想象力的技巧和方式创造出新东西的人，或能够赋予现有的东西一种新的价值和意义的人。

根据此处已经列出，甚至很多没有列出的已有的研究成果，我们已经可以从以下几个方面对创造力进行深入理解。

（1）创造力是人的思维活动能力，特别是人的原创性思维和特异性思维能力。这种思维活动表现为大脑活动的有意识地探索和无意识地思考的结合，它一方面需要借助于现有的知识和理性，另一方面更需要倚仗独特的想象和直觉，即非理性思维；一方面需要发散思维来不断伸展自己的活动触觉，另一方面又需要收敛思维来逐渐地聚集自己的活动能量，渐渐逼近求解问题的方法和观念，最终通过这种思维活动的张力来解决问题。

（2）创造力是人们根据已有的经验和知识创造性地解决问题的能力。创造性地解决问题与一般性地解决问题，是相对的两个概念。一般性地解决问题，是指依赖已有的知识经验、现成的方案，对日常生活中的问题或知识性的问题进行解决。而创造性地解决问题，指的是用新的方式、观念和思维，突破和超越旧有知识和经验，进而解决问题。由此可见，这两种解决问题的方法存在着本质的区别。就创造性解决方法来说，它没有现成的方案，要求对现有的信息进行创造性的思维加工和整合，进而超越常规，找到解决问题的新思路和新答案。

（3）创造力是人的自我完善的结果，也是人自我实现的基本素质。任何人都有创造潜能，创造力是个体的创造潜能，一个人要不断完善自我和教育自我，以此来达到对自身个性和人格的完善，进而发现和开发自己的创造潜能。那种把创造看作是某种特殊的智力活动，是发生在某些特别人物头脑里的创见的说法具有误导性，它会让人觉得创造力是个别成功人士的专利品，从而看轻自己的创造发明潜能，失去积极进取的自信和动力。

前面我们对创造力的内涵和本质进行了探讨，接下来我们就创造力的构成和行为表现特征进行具体阐述。

前面我们说过，创造力是一种思维活动能力，因此，其构成可归结为以下三个方面。

（1）作为基础因素的知识，包括吸收知识的能力、记忆知识的能力和理解知识的能力。任何创造都离不开知识，知识丰富有利于更多更好地提出创造性设想，对设想进行科学的分析、鉴别与简化、调整、修正；并有利于创造方案的实施与检验；而且有利于克服自卑心理，增强自信心，这是创造力的重要内容。而对于创造力来说，吸收知识，巩固知识，掌握专业技术、实际操作技术，积累实践经验，扩大知识面，运用知识分析问题，是创造力的基础。

（2）创造个性品质，包括意志、情操等方面的内容。良好的创造力可以锻炼一个人优良的个性品质，如永不满足的进取心、强烈的求知欲、坚韧顽强的意志、积极主动的独立思考精神等，它们都能够有效促进创造力的更好发挥。优良素质对创造极为重要，是构成创造力的又一重要部分。一个人的素质，是一定的社会历史条件与个人生理素质相结合，在一系列社会实践活动过程中产生的，是创造活动中所表现出来的创造素质。

（3）以创造性思维能力为核心的智能。智能是智力和多种能力的综合，既包括敏锐、独特的观察力，高度集中的注意力，高效持久的记忆力和灵活自如的操作力，也包括创造性思维能力，还包括掌握和运用创造原理、技巧和方法的能力等。这是构成创造力的重要部分。

综上所述，知识、智能和优良个性品质是创造力构成的基本要素，它们相互作用、相互影响，决定创造力的水平。

创造力的行为表现特征主要表现为三个方面，即独特性、变通性和流畅性。所谓独特性，就是对事物具有不寻常的独特见解；变通性指的是思维能随机应变，举一反三，不易受功能固着等心理定势的干扰，因此能产生超常的构想，提出新观念；流畅性是指反应既快又多，能够在较短的时间内表达出较多的观念。

思维在创造能力结构中同样具有重要作用，人们在进行创造性活动时，既需要发散思维，也需要聚合思维。任何成功的创造性，都是这两种思维整合的结果。所谓聚合思维是指利用已有定论的原理、定律、方法，解决问题时有方向、有范围、有程序的思维方式。发散思维与聚合思维二者是统一的、相辅相成的。创造力与一般能力有一定的关系，研究表明，智力是创造能力发展的基本条件，智力水平过低者，不可能有很高的创造力。

另外，创造力与人格特征也有密切关系，综合多人研究的结果表明，高创造力者一般兴趣广泛，语言流畅，具有幽默感，反应敏捷，思辨严密，善于记忆，工作效率高，从众行为少，好独立行事，自信心强，喜欢研究抽象问题，生活范围较大，社交能力强，抱负水平高，态度直率、坦白，感情开放，不拘小节，给人以浪漫印象。

通过前面对于创造力的论述，我们不难发现，一个人若具备超强的创造力，不仅是个人能力很强的很好证明，而且可以为社会做出很多贡献。那么如何才能让我们自身的创造力更强呢？下面我们就列举创造力培养的几个重要方面。

（1）培养求异思维和求同思维。

（2）重视思维的流畅性、变通性和独创性。

（3）培养急骤性联想能力。急骤性联想是指集思广益方式在一定时间内采用极迅速的联想作用，引起新颖而有创造性的观点。

（4）激发求知欲和好奇心，培养敏锐的观察力和丰富的想象力，特别是创造性想象，以及培养善于进行变革和发现新问题或新关系的能力。

那么究竟什么是产品设计创造力呢？其实，所谓产品设计创造力是指设计师合理地运用身边已知的信息，一切可运用的事和物，以新颖独特的方式，对人类生活和生产所需的物质和精神诉求，以产品的形式提供商业性服务的创造能力。产品设计创造力是一个从人类条件反射中，从人类常规的选择中解放出来的，依赖于创造要素和创造环境的，针对产品设计的思维过程。

接下来，本章内容将围绕产品设计创造力，从设计创造力的重要性、创造力的特征、产生的条件、构成的要素几个方面展开论述。

第一节　对产品设计创造力产生条件的探讨

人类是一个非常强大的群体，具有无限的创造力。随着社会的发展，人类的创造力还有很多方面值得探索。但是在不断研究的过程中，心理学家也已发现了有关人类创造力产生的基本条件和创造程序。不过这些条件和程序并不能保证设计师就一定能够具有非凡的创造力，但最起码可以帮助设计师进一步认识创造力，并以此来起到激活设计师的创造力的作用。当然，从科学的角度来看，创造力是不会凭空产生的，它依赖于某些必要的条件，具体包括以下几个方面。

一、心理因素

心理因素是产品设计创造力产生的一个重要条件，它是人的一种内在思维和感想，具体包括很多方面，具体如下。

（一）意象

“意象”是人类想象行为的一种类型，是一种内心活动的表现形式，它是设计师产生和体验大脑中无形形象的过程。由此可见，“意象”并不是忠实地再现现实，因此它是一种创新的心理因素，是一种创新的想象形式，是一种超越的创新力量。

“意象”与设计师过去的知觉有关，是对记忆痕迹的加工和润饰，可以说，设计师有多少种的感觉就会有多少种的“意象”。因此，意象的存在对于设计师创造力的产生，具有非常重要的作用。

也正是因为设计师的感觉会决定意象的种类，因此，“意象”可以分为很多种。但设计师常用的“意象”是视觉和听觉“意象”。当然，视觉“意象”更为主要些。

（二）原始认识

当创造过程进入允许使用语言和观念的分化阶段时，有两种思维类型起着突出的作用，具体如图 4－1－1 所示。

分化阶段中的突出思维

包括在弗洛伊德称之为的“原发过程”的范围之内的“原发性思维”，即人类思维的原始认识阶段。

包括在“继发过程”的范围内的“继发性思维”，即人类思维的概念认识阶段。

图 4－1－1　分化阶段的突出思维

“原发性思维”可以描述为：原始的、不成熟的、废弃的、古体的、反分化的、不正常的、不健全的、第一信号的、具体形象的、幻想的，等等，属于形象思维的范畴。

当创造过程进入允许使用语言和观念的分化阶段时，有两种思维类型起着突出的作用。其中的第一种类型包括在弗洛伊德称之为的“原发过程”的范围之内的“原发性思维”，即人类思维的原始认识阶段，这种原始思维过程也常出现在睡梦中和精神病病情中。当健康人处于情绪激动、偏执或愤怒状态时，或者被灌输其他的文化中的古老的风俗习惯时，也会浮现出这种原始思维过程。这就是精神病学与精神分析学为什么能在创造力研究中做出重要贡献的主要原因之一。

当然，这里并非是向读者表明，应当把设计创造力与精神病联系在一起，尤其是和精神分裂症或精神分裂症倾向的患者联系在一起。这里的意思是说，在精神病患者当中，经常发生的某些思想过程也适用于设计师和艺术家。不过，精神病患者是依照这种不正常的思维来指导自己的生活，而设计师和艺术家则是按照正常的思维方式来指导自己的生活，并且刻意依照这种不正常的思维（原始认识形式，或更多的是以修改过的原始认识形式）来指导他们的创造活动。特别是在纯艺术的创作时，这种现象尤为突出，因此，艺术家常自嘲为“疯子”“狂人”“画痴”等；设计师常把自己自嘲为“怪人”等。

由于原始认识与创造力的特殊关联性，因此，原始思维过程得到了普遍关注和认真研究。就原始的思维过程而言，它们形式多样、表现各异，而这里将着重阐明那些与创造过程有关的“原始思维”内容。

在创造过程中运用“原始思维”，并不意味着人类以逻辑的、理性的视角来看待和进行创造活动都是错误的，或被怀疑是有毛病的。这里应该强调的是：“原始思维”只是为了说明创造力是能够从人类所运用的一切认识方式中获得，甚至能够从通常弃置不用的原始认识方式中获得。

由于“原始思维”的原始性，所以常把这种不成熟的思维形态称之为“旧逻辑”。这种“原始思维”形式并非不合逻辑，也非无逻辑，而是遵循着一种不同于人们在清醒和健康状况下运用的逻辑。

在人类精神生活中，“意象”和“内觉”两种认识形式占据了相当大的一部分，而在正常人或一般人的思维方式中，“旧逻辑”也是存在的，只是很少被表现出来。创造力发生过程的主要机制之一就是对这种想象力的控制。如果将想象力永远停留在“旧逻辑”思维中，就会导致普通逻辑思维不能接受的结果，正是由于这个原因，想象力经常受到理性主义思维学家的遣责。

（三）内觉

“内觉”是一种原始的思维组织形式，是指人类对过去事物，以及相关生活场景所产生出的“经验”“知觉”“记忆”和“意象”。由于“内觉”不能与他人分享，因此，可以把它看作一种设计师在心理活动受到抑制之后所体现出来的情感倾向、行为倾向和思维倾向。

“内觉”是一种非语言的、无意识的、潜意识的人脑认识形式，它大多停留在原始的水平，但也有发生变化的可能。归纳起来，“内觉”可能发生的变化有以下几种形式。

1. 符号

符号一般包括语言、图形、文字、数字、声音等，它们是所谓的“前概念”形式和“概念”形式。例如，古代文明的楔形文字和甲骨文就是根据早期人类的内觉，用象形的符号形式演变而成的原始文字概念，如图4－1－2所示。

再如图4－1－3所示，是Estudio BIS设计在餐具上的符号，这种符号也许对早期人类没有多大意义。而对于当下的人类却能体会到虚拟计算机图形图像和数字技术的痕迹，尤其是时下非常风靡的“表情符号”。这就是当下设计师内觉变化的结果。

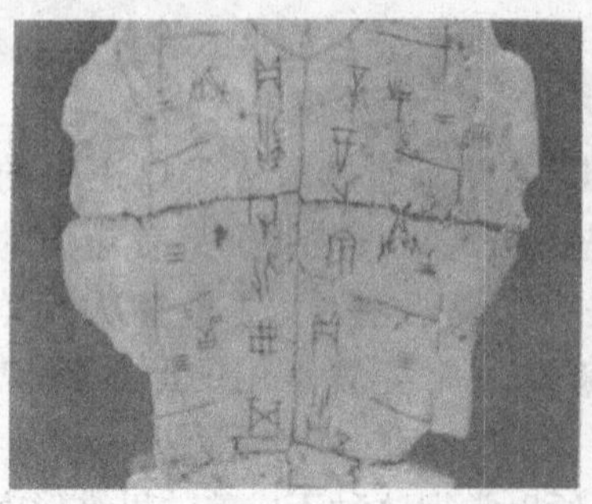

图4－1－2　古代文明的甲骨文和楔形文字

图4－1－3　Estudio BIS设计在餐具上的符号

2. 遐想、幻觉和梦境

内觉是源于人内心的一种意象，所以这个概念会因人而异，因为很多逻辑性思维比较强的人在内觉方面就会稍微差一点，如从事科学工作的人；但是类似设计师一类的人却更加注重内觉，并且将这种内觉反映到其作品当中。如图4－1－4所示，是瑞士艺术家桑德罗·戴尔·斯普瑞特创作的《舞者与手势》一画，手和舞者都呈现出的幻觉就来源于他对女人体美欣赏的内觉。因此，从创造力的角度来看，设计师的“内觉”变化是通向创造力的起点。

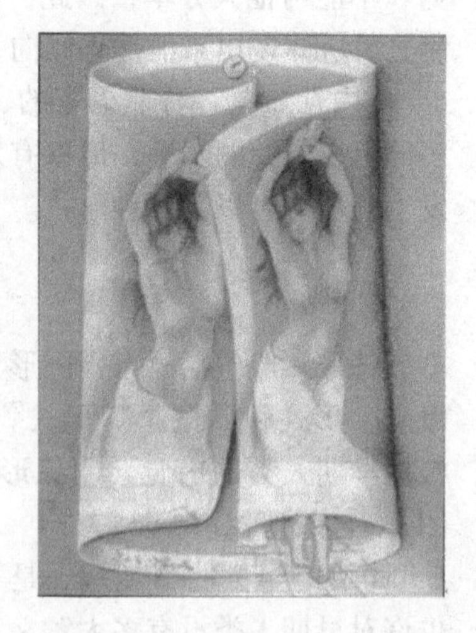

图4－1－4　《舞者与手势》

不同的人对同一事物会产生不同的感觉，也就是说，他们“觉察内觉”与“对内觉的解释”是有差别的。例如，艺术家能面对枯荷残花发呆和陶醉，而设计师也能面对奇石怪兽如痴如狂。这种“内觉”的体验就属于“言有尽而意无定”，“一切尽在不言中”的境界。

一般木制家具的结构都严密稳定，具有强烈的刚性。设计师 Carolien Laro 带来的这款名叫 Spring Wood 的系列凳（图 4－1－5）同样使用刚性的木材作为原料，但是通过巧妙的设计，赋予了它如软垫一般的灵活特性，使用时凳面会在压力下自然的弯曲以贴合身体，让你坐起来更为舒适。其灵感来源于设计师的幻觉。Spring Wood 看起来结构很简单，但实际上经过数百道精细而复杂的纯手工艺制作，并历经 600 小时左右才能完成一张 Spring Wood 坐垫成品。

图 4－1－5 Spring Wood 凳

创造力从通俗意义上讲，就是超越以往，实现创新，因此，设计师往往需要对通常的“概念秩序”进行深入的分析和审度，从中找出毛病和缺陷，或者对其不满而产生出其他的想法和动机。由此可见，逃避既定的、所谓正确的秩序体系，是设计师们进行创造力的必经之路。因此，他会让自己的一部分精神活动恢复到“无定式”的认识阶段，恢复到一个模糊不定、含混不清的空间中，让其进行和发生着各种“意想不到”的变化。这就是设计师在创造前期所必须经历的“内觉”活动状态。其目的是设计师在努力寻找某种形式、某种相对明晰的结构来关联那些“无定式”的“经验”“知觉”“记忆”和“意象”。一旦当某种合适的关联性被找到，创造活动便开始进入下一步的制作阶段，进而就有机会形成某件新设计或新产品。

例如，固体肥皂曾是家家户户不可缺少的必需品，而如今在很大程度上已被沐浴露、洗手液这种液体版的肥皂代替。而比较起来，固体肥皂更具有一定的生态效益。比如，它可以用简单包装纸代替塑料瓶，固体块也更容易堆放，能在运输时更大程度地利用和节省运输空间。在节能环保的内觉的影响下，设计师对固体肥皂的设计也从未停止过。很多人不喜欢使用固体肥皂，其原因是它总是滑滑的、有种怪异的感觉，使用时容易从手心溜走，并且在多人共同使用时，也更容易变脏以及积聚细菌。德国设计师针对固体肥皂的问题，设计了一款肥皂刨丝器，对固体肥皂的使用创造了一种新的使用方式。它需要安装在墙上，使用时只需用一只手就可以在推动刨丝器的同时接住已经刨好的易溶于水的漂亮肥皂丝，使用非常方便，之前使用固体肥皂时的缺点也被完好地解决，凭借其开放的形状，还可以让肥皂的香味满屋飘香，如图 4-1-6 所示。

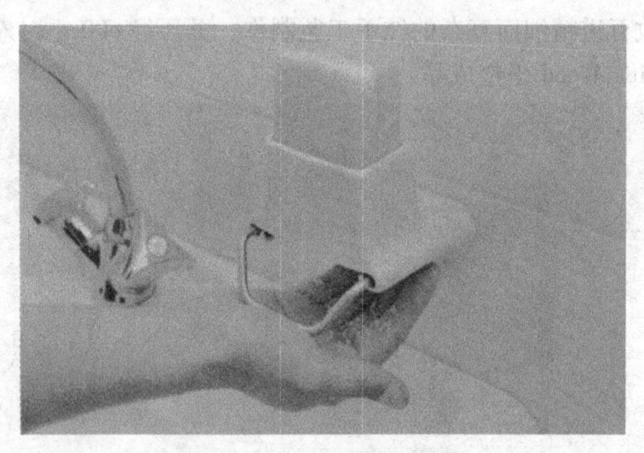

图 4-1-6　肥皂刨丝器

离“内觉”认识阶段最近的创造形式应该是音乐和设计，因为音乐不是简单地模仿某些现成的声音。设计中的点、线、面、体、色等，也并不是任何自然存在事物的简单再现。无论是音乐还是设计，都是在表现创作者心中的“内觉”生活和感知。不过设计师与艺术家在“内觉”问题上是有区别的。

艺术家在“内觉”问题上努力想从形式美的、内在的、外在的、被侵犯的一切羁绊中解放出来，他们必须要努力回到纯粹的“内觉”状态。其“纯粹性”表现在用不能被别人分享的形式表达自己的个性。荷兰著名画家凡·高生前就是典型的例子。

而一旦设计师具有商业化特征，这种纯粹性就会被破坏，因为他们希望将自己的内在体验与他人分享，以找到知音。这样一来，他们努力要回到的“内觉”状态并不纯粹，其“不纯粹性”表现在与人分享上。一旦这种分享取得成功，不可言喻的“内觉”也就被战胜。其设计因此可以为人们相互传达、相互交流与重复欣赏，并且在与人不断互动中增添更多的光彩。德国著名设计师科拉尼就是典型的例子，他的有机形态和流动的曲线就打动了几代人。如图 4 - 1 - 7 所示，便是科拉尼设计的概念车。

图 4 - 1 - 7　科拉尼设计的概念车

设计师的“内觉”内容并非是有意的计划和安排，而是大量素材在“内觉”水平上汇集和重组的过程，是由过去的经验和当前的无意识，以及神经细胞组织和内在心理组织相互结合的产物。一旦当设计师的创造冲动超越“内觉”阶段，设计师就会凭着自身的力量继续发展下去，有时并非有意之举，但却成就意料不到的结果。

从设计创造程序来看，设计创造必须经历以下阶段。

（1）准备阶段。该阶段的特点就是有意识地把握几个不同的设想，并把它们直接与生活知识有目的地关联起来。

（2）沉思阶段。该阶段存在着大量的“内觉”活动。在此阶段，平常一直清晰的思维也变得不那么清晰了，它与许多内容混淆在一起回到“内觉”阶段，努力去对“无定式”寻找某种形式，或与某种相对明晰的结构去关联。

随后，设计的创意思路就会出现，它或者是一种轮廓清晰的新设计假想，或者是一种并不易于从已知的材料中预先推导出来的抽象概念。当出现这种情况时，设计师的思维已走出了“内觉”阶段。

3. 情感

一个人从小接受到的情感，会对其以后的情感类型和表达具有重要影响。例如，孩提时代备受母亲关爱，长大后，就会具有关爱和呵护他人的情感。利用人的这种情感特征，著名设计师斯达克创造出了再生木显示器壳体的设计，以此体现了呵护地球的关爱情感，如图 4 - 1 - 8 所示。

图 4－1－8　再生材料生产的电视机壳

TR Hamzah & Yeang 创造出了一座将在新加坡建造的环保大楼 EDITT Tower，大楼四周几乎都被有机植物所包围，它可经过由斜坡连接上面的楼层与下面的街道。这栋大楼也考虑到了未来的扩充性，有很多墙壁与楼梯都可以移动和拆除，充分体现了对地球的关怀的情怀，如图 4－1－9 所示。

图 4－1－9　TR Hamzah & Yeang 设计的环保大楼

如图 4－1－10 所示为 Natalia Ponomareva 设计的盲人导航仪，它是一款可以实时更新的智能地图，可以帮助盲人朋友在户外行走的时候定位自己的位置，找到正确的前进方向。

图4-1-10　Natalia Ponomareva 设计的盲人导航仪

它的内部构造是由触感地图和耳机两个部件组成。其中触感地图貌似一个大屏幕手表，表面通过可触摸的立体颗粒简洁地“描绘”周边街道环境，而位于中心的小点则是使用者的当前位置。地图比例为1:1000。佩戴在手上的触感地图表还留有摄像头，它拍摄到的物体能以简洁点状图呈现在表盘上。耳机则通过蓝牙与地图协作，用语音给盲人朋友指引方向。这也是由于内觉转换形成的具有关爱情感的设计。

4. *行为和生活方式*

就拿亚马逊原始部落的生活来举例，这里的人们的内觉决定了其生活带有浓郁的原始特征，而如今广受西方文明教育的中国新一代城市居民，从内觉层面已完全认同了西方文明与城市的内在关系。正如美国现代哲学家路易斯·芒福德所说：“城市是一种特殊的构造，这种构造致密而紧凑，专门用来流传人类文明的成果”。西方诸多文字中的“文明”一词，都源自拉丁文的“Civitas”（意为“城市”）。城市兼收并蓄、包罗万象、错综的街道、巨型的建筑、拥挤的交通、吵杂的环境、快节奏的生活，高压力的工作……这一切的一切，对他们而言已习以为常，并坚信城市不断更新的特性，是促进人类社会秩序完善的标志，“城市，会让生活更美好”。

西方文明教育对中国新一代城市居民影响深远，很多人从内觉层面已完全认同了西方文明给人们带来的城市生活方式，并在不断的继承和发展中。他们毫不怀疑美国现代哲学家路易斯·芒福德的观点。其实，现代城市给人们带来的似乎不全部属于人类的文明行为，资源的过度浪费，环境的高度破坏，物欲的极度膨胀，对新一代城市居民而言虽已习以为常，并坚信“城市，会让生活更美好”，这就是现代人对城市的内觉。由此，内觉转换出的是拥挤的街道，年轻人的蜗居空间，老年人的歇息笼屋，垃圾焚烧场。

内觉告诉人们，孩子往往对什么东西都感到好奇、好玩，因此，日常生活中人们会把可能对孩子带来伤害的物品放好藏好，已成为一个人的一种生活态度。设计师 Min Seong Kim 将这种内觉巧妙地转换为一款刀具存储柜（Knife Locker）。这款刀具存储柜可以让孩子尽量远离危险。Knife Locker 的存储口很像钥匙孔，它的使用也确实很像钥匙，插入刀具后顺便把刀子像拧钥匙一般逆时针旋转 270°，这样就可以把刀具上锁，而在锁定的同时也会即时启动紫外线消毒模式为刀具消毒。因此，Knife Locker 不仅带来安全，也带来健康。

内觉告诉人们，新型材料会更好地代替传统材料，并能更好地创造出合适的用品。Compeixalaigua Design Studio 的设计师，将这种内觉转化成了一款缤纷的多功能碗。他们运用新型的有机硅材料代替了传统的硅酸盐材料和普通塑料，该多功能碗能够耐高低温（可以承受 60℃低温至 220℃高温），因此可以安心地放入微波炉加热。碗的一边是手柄，另一边则是与手柄对应的开口。当手柄与开口接合在一块时就可以形成一个有盖的圆形容器，这样的设计使得在蒸食物或者加热的时候可以让热气从中间流通，并有效保存热度，创造出传统碗难以实现的功能。

（四）动机

在创造力产生过程中，“动机”是一个重要的影响因素。

如果是按照艺术家和设计师自己向往的方式去体验生活的话，他们有可能倾向于追求他们所没有体验过的或没有见过的事物和情景，也就是那些在心理现实中并不存在的事物。正是他们对于这种事物追求的欲望和动机，才使他们比普通人更具创造力。

尽管人类不会只用一种语言来表达自己的情感，但人类还是能够认识到“趋向无限的有限”是不变的现实。这种认识可能由于创作者具有较高层次的“概念”意识，能够以抽象的方式去思维，以至于能使过去的情感与愿望通过新的方式重新活跃起来。这些情感和愿望可能来源于早期童年时期，并且部分或全部地建立在“原发过程”的思维基础之上，被完整的封存了下来。这就是人类创造力产生的动机源泉。

许多设计师的儿童时期，都有过一种无事不能的全知全能感。他们认为能够做到任何他们想要做的事，能够得到任何他们想要得到的东西。他们的成就感与满足感与他们的愿望相等。但是在成长的过程中，现实使他们不得不放弃了这种感情。然而这种感情蛰伏在他们的内心深处，终于有一天一种创造的冲动重新激活了它们。例如，德国设计家科拉尼先生从青年时代就认定自然界没有直线，因此他一辈子和曲线较上了劲，不断通过曲线为人们演绎新的设计。他认为“世界是圆的”，如图 4－1－11 宣传科拉尼的招贴。

图 4－1－11　宣传科拉尼的招贴

另一种创造的动机可能是来源于人类所具有的非常活跃的或者是强烈的想象力。而想象力的形成是出于生物的原因还是其他的原因目前仍无定论。

一般人早就学会运用自己的想象力，但对比自己的内心体验和现实实际，人们还是更加注重现实的实际需求。而创造者则不同，他们会觉得自己处在一种骚动的、不安的、空虚的和难以接受的挫折状态中，他们努力用创造的方式来表达自己内心世界。这种对新事物的探索欲望（这个新事物是一种可以替代内心幻想或骚动的外在作品），就是最基本、最强大的动机。

当然，创造的动机通常是混合和复杂的，其中包括有意识和无意识的动机。当渴望创造的冲动开始被创造者感受到时，其结果不一定是一种有益的成就，也许是以挫折和失败告终；也许会以对社会、对家庭、对某些人的愤怒而结束；也许屈从于人类存在的局限性，而采取各种方式去逃避，甚至会导致精神病。荷兰后印象派画家威廉·凡·高（Vincent Willem van Gogh，1853—1890），就是典型的例子。他是表现主义的先驱，并深深影响了20世纪的艺术，尤其是野兽派与德国表现主义。凡·高的作品，如《星夜》《向日葵》与《有乌鸦的麦田》等，现已跻身于全球最知名、广为人知与昂贵的艺术作品的行列。1890年7月29日，凡·高终因精神疾病的困扰，在美丽的法国瓦兹河畔结束了其年轻的生命，时年他才37岁。但如果把“原发过程”和“继发过程”以一种建设性的方式相互结合的话，有可能导致无穷的创造力。

（五）抽象

“抽象”的概念具有动词和名词两个含义，具体如下。

（1）动词含义，指的是从许多事物或情境中分离或区分出某种普遍性特质。

（2）名词含义，指的是在人类认识中的那些无定式、无定形的对象和内容。具体地说，是指那些还未被人类发现的，还未以任何方式具体体现出来的某种内容；那些被人类怀疑其存在的，不能证实的某种内容；那些不能被人类用语言明确描述的某种特征和内容。

做动词含义使用时，例如，当人尝到许多带有苦味的物质时，你从它们中提炼出它们共有的“苦”这个特征。这里“苦”就是一种“抽象”，即柏拉图式的普遍性。当人们尝到许多具体的带有苦味的物质时，然后所意识到“苦”的抽象存在时。从认识过程的等级来看，“抽象”已属于很高的心理机制，它并不是前面所说的具有原始特征的“内觉”。

然而，创造力常常发生在从名词的抽象形式转向动词的抽象形式的过程中。

例如，一种混乱的、模糊的、抽象的思乡情感，李白可以通过抽象的形式，一首诗《静夜思》体现出来。在抽象的过程中，日常生活中的那些所经历到的、特定的、具体的事物消失不见了，返回到那些无定式、无定形的对象和内容中，并将其转换成具有普遍性的概念，“举头望明月，低头思故乡”。其实思乡情感与自然界的月亮相去甚远，这就是抽象的结果。

二、行为特征

（一）幻想

一提起“幻想”，人们常会想到与埋头实干，立即行动相对立的行为。

容易被当成不切实际的空想，或扩大一个人愿望与能力之间的鸿沟而被摒弃。因此，在日常生活中，善于幻想的人常常受到人们的嘲笑，他们的幻想常受到劝阻和妨碍。但是，并不是所有的幻想都是无意义的，应该被摒弃的。虽然过多的幻想也许确实是对现实有效的行动起着拖延作用，但它确实是创造性思维的源泉。所以，我们只有正视它，才能真正发挥“幻想”的有益作用。

（1）不合理幻想的消极意义。如果幻想仅仅是局限在“自传式”的水平上，也就是说内容仅仅涉及自我，只幻想着自己的过去和未来，那就没有多大益处。

（2）合理幻想的积极意义。“幻想”可以为人类开辟预想不到的新天地。正是在幻想中，人们才可能使自己离开常规，很快进入非理性的世界。幻想可以使人们从社会日常习俗中摆脱出来，进入创新状态。因此，经常处于幻想状态的人，至少在观念中具有相当强烈的探索倾向。

（二）单纯

所谓“单纯”，就是指在一定的时间内降低警觉和不加批评的易受欺骗的行为。它排斥戴着有色眼镜看世界；它否定把相似性看成偶然和巧合；它对相似性现象保持幼稚而纯朴的看法；它假设所有的相似性都具有重要的含义，并可以从复杂的世界中区分出来。虽然听起来不太容易接受，但是事实证明，“单纯”也是产生创造力的相关行为之一。

当然，单纯并不是没有思想，实际上它也抱有一种探索一切的愿望，对任何事物加以否定之前是开放和纯朴的。它似乎认为在被证明其错误和荒谬之前，万物之内、万物之外都具有潜在的秩序和规则。对创造力来说，发现事物潜在秩序与规则比创造一个新事物更为重要。

当然，在医学界，臆想自己发现了某种潜在的秩序与规则，也可以是一种偏执和妄想的表现；把相似性当成具有意义的事实来接受，也可称之为一般精神分裂症的表现。

不过，有创造力的人不会不加选择地把它们都当成深信不疑的事实来接受。它的“单纯”仅仅是在一开始没有把它们当成荒谬的东西给丢掉。实际上这一切都是有目的的行为，使自己与他们认为是真理的那些事物更为协调一致。他们清楚在最后对于一种新的见解是承认还是否认，则必须要依赖“继发过程”的机制。

（三）自闭

创造力是一种反常规和反社会惯性思维的创造行为。因而，要挖掘创造力就必须寻找到一种能够摆脱常规或社会惯性思维束缚的方法。

“自闭性”被认为是一种能够帮助消除这类束缚的行为方式。从一般意义上说，“自闭”能打破逻辑性，产生重组现象。一个“自闭者”是不会经常地、直接地受到常规的影响，或受到社会惯性思维的束缚。对“自闭者”来说，更可能的是在体验内心的自我，在贴近内在的根本源泉，与努力与原创过程的启动产生某种关联。因此，“自闭”的行为尽管可能使一个人陷入某种烦恼和寂寞状态，可当进入与自我为伴、与自我建立起内在联系的状态后，情况就会得到改善。这将进入一个人内在的新世界，为了进行探索，为了挖掘新知识、为了解新涵义，为了产生灵感，排除过多的刺激，过多的干扰，以及喧闹的噪音和过度的信息污染是必需的。

通过对中国古今生活方式的比较，我们可以发现，这是一个从“自闭”向“群体”变化的过程。在古代，士大夫崇尚的是那种“独钓寒江雪”的道家隐士生活，到后来，演变为红红火火的革命大家庭，中国人开始失去了产生创造力的环境。从设计原创时期进入了设计殖民时期。当然这种“群体性”与战争的动乱，人口的膨胀和政治革命有着重要的关系。这种发展的惯性并不是短期内可以改变的，在中国，要成为具有创造力的设计师就要有目的性地创造“自闭性环境”，给创造力的产生留出空间。

在国内美术界，许多画家去郊外建立自己的画室，也是在给自己创造“自闭的环境”。要产生原创性的设计，这种自闭环境也是相当重要的。当然，这里的孤独和封闭不同于强加的或由于自身困境所造成的那种长期的、被动的、压抑的孤独；也不同于人为退缩、羞怯、长久独居的孤僻。它应该是指那种，有目的的、定期的、在某一段时间内保持着个人独处的生活状态。

“自闭性”不仅应当作创造力的预备条件，而且也应作为创造过程的一种状态。独创性需要“自闭性”配合，不过创造性的思维一旦产生，就需要强调合作性，这样才有益于创造性思维的进一步发展。

（四）闲散

一般意义上，“闲散”就是指把时间用来从事以批判的眼光观察那些通常被认为“没有意义的事物”。但是我们这里探讨的“闲散”并不是指游手好闲，而是有目的的“闲”，是中国古代文人崇尚的“难得半日闲”的境界。

要挖掘创造性，就要有闲散的状态，让创造欲望得以发展，允许它以自身的方式自由发展，也许非常缓慢，不具规则，但给予空间却非常重要。只有闲人才会问无聊的问题，而许多无聊的问题却是创造力产生的源泉。而在我们日常生活中，很多人只是把自己的注意力集中在日常具体的工作上，从而限制了发展自己内在源泉的可能性。正是由于大多数人都被繁杂的日常事务占据了大部分时间，所以他们的精神活动与创造力也受到遏制。

（五）自由思维

前面我们对“幻想”的特点进行了分析，一般来说，发生“幻想”活动的人们就能继续（或是自发的，或是在某种暗示下）发展到“自由思维”的行为状态。但是“自由思维”与“幻想”有所不同。在“自由思维”时，一定要让自己的思维不加限制，不加组织地朝任何方向漂泊漫游。当然，任何方式的思维最终总是或多或少的被组织起来，但在摆脱禁锢、放任自由的状态下，一个人会意识到，处在“自由思维”状态中的“知觉”“概念”甚至系统化之间很容易反复地发生相似性作用（也就是出现“类似性”）。相似性、类似性，或者“群体生态”在创造力中，具有非常重要的地位。

另外，说道“自由思维”，难免会想到弗洛伊德的“自由联想”，这两者也具有一定的区别。在精神分析的情况下，“自由联想”并不是所说的那么自由。因为按弗洛伊德的精神分析学要求，“自由联想”的练习对象要求去想和透露有关自己的材料。因此，联想者有意无意地已筛除掉了那些与自我无关的东西。

（六）捕捉相似性

相似性可大致分成四种类型，具体内容如下。

（1）自身相似。在“自身相似”中，思维者把自己想象成与他工作有关的某种事物。

（2）幻想相似。“幻想相似”是不必和已知的世界法则所造成的客观情况相符合的一种相似方式。

（3）直接相似。“直接相似”是一种像发明家贝尔使用的方法，把人身比作一架机器，电话机因此应运而出。

（4）符号相似。“符号相似”常常是一种视觉形象。

对进行“自由思维”的人来说，对所发生的相似性作用保持极度敏感，使自己处在一种随时捕捉的状态。这也是促进创造力产生的相关行为之一。

思维者能否识别出相似性是决定相似性是否发生的关键，同时这个识别过程也是个人创造力的主要行为之一。它依赖于“原发过程”。因此，想要提高创造力，旧应该让自己沉迷于觉察和捕捉“相似性”的状态中。但是捕捉相似性并不那么容易，因为据调查，在大多数情况下，“相似性”常常被表面装扮和偶然相似，所以人们经常很难捕捉到真正有价值的“相似性”。但不能因为这样就放低对所有可能的“相似性”的敏感性，要养成习惯，才有可能捕捉到有价值的相似性。

（七）内心创伤反省

人的心理总是存在着这样和那样的冲突。那种对心理机能起到限制作用或把它们转变为异常过程的冲突，就属于心理创伤或神经症冲突。从某种意义上来讲，为了抚平这些心理创伤，创造者必须要超越个人的偏见，但在“幻想”和“自由思维”状态下，一些重要的创伤或心理动机还是会重新出现的。其实，对以往内心创伤的回忆和反省也是促进创造力发生的非常重要的行为。

人们往往在事情没有发生在自己身上时会说，一个人一旦战胜了心理上的矛盾冲突，克服了以前创伤造成的影响，就应该努力设法忘掉它们。但是真正切身经历过的人会知道，这种假设是不现实的。

有创造力的人在创伤性冲突得到解决之后，并不会予以忽视，因为如果这些冲突没有得到真正恰当的处理，它们就会继续向个人身心的更深处发展。如果有创造力的人不能控制和驾驭他自己的主观纠葛，他的创造性活动就会失去普遍意义或广泛共鸣。如果这些冲突得到恰当解决，而且几乎达到把冲突看成是一种既亲切、熟悉，又陌生、遥远感的境界，此时的冲突和创伤就会转变为一种艺术活动，转变为一种科学理论或科学发现。

在从事创造活动过程中，“冲突”和“自我表现欲”是必不可少的两大动力。“冲突”和对“冲突”的解决，在很多方面都有着重大意义。对于“冲突”的成功解决，有可能会形成在本质上稳定的、持久的自我结构或机能，它处于自我的控制之下，其活动方式不再是反映以原始方式的冲动本性，而具有升华，高品质的特征。

“冲突”和对“冲突”的解决不仅在创造力的动机方面具有重要意义，同时在与创造内容相关素材方面也具有重大意义。需要强调的是，重点不在于过去或现在的冲突，而在于把冲突转变成创造活动的那种能力。

三、思维方法

思维是一种心理能力，它能够帮助人们认知和解决问题。同时，认知水平与解决问题的能力成正比，认知水平越高，解决问题的能力越高，反之则越低。而创造性思维是思维的高级水平，人的创造性思维贯穿于创造性认知和创造性问题解决活动的全过程中，是人类创造性认知和创造性问题解决的心理能力。它涉及创造性思维的方式、方法和形式。

（1）创造性思维的基本方法包括移植、演绎、归纳、分析和综合等。

（2）创造性思维的基本方式包括发散思维、逆向思维、求异思维、横向思维。

（3）创造性思维的基本形式包括直觉、灵感、想象和联想。

从构成和过程来说，创造性思维就是一个综合运用创造性思维的方式和方法，通过创造性思维的基本形式产生出新颖、独特思维成果的活动和过程。因此，从创造性思维的构成，创造性思维实现的活动和过程出发，可以把创造性思维理解成人类综合运用创造性思维方式和方法，并通过创造性思维形式产生出新颖、独特的产品或成果的思维。

四、创造程序

许多研究者把创造程序分成不同的阶段，并采用逐段分析的方法加以认识。1926 年，约瑟夫·沃拉斯（Joseph Wallas）最早提出创造过程可包括四个阶段，具体如图 4－1－12 所示。

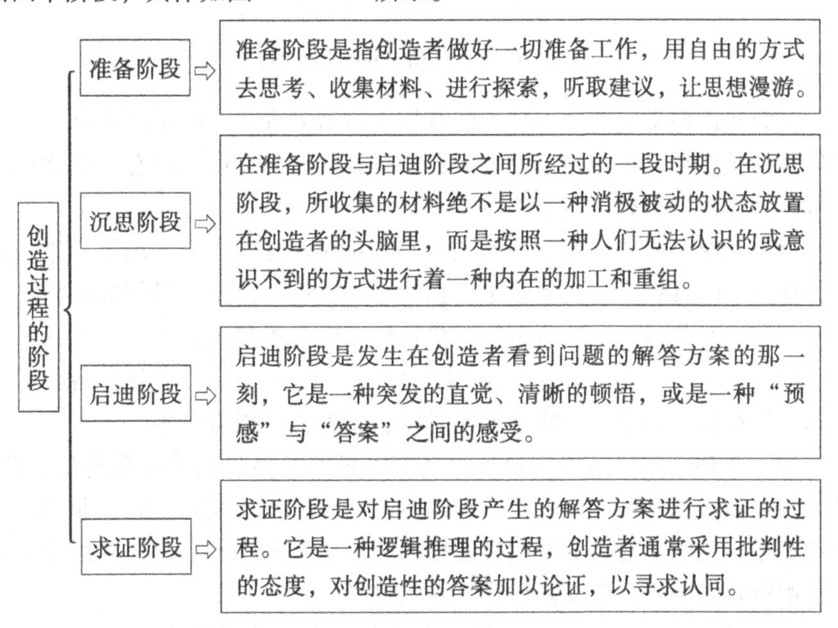

图 4－1－12 创造过程的阶段

在约瑟夫之后又有人将其四阶段扩展为七个步骤，不管如何细化，其精神是一致的。其中比较具有的代表性的是罗斯曼（Rossmom）的创造过程，具体如图 4－1－13 所示。

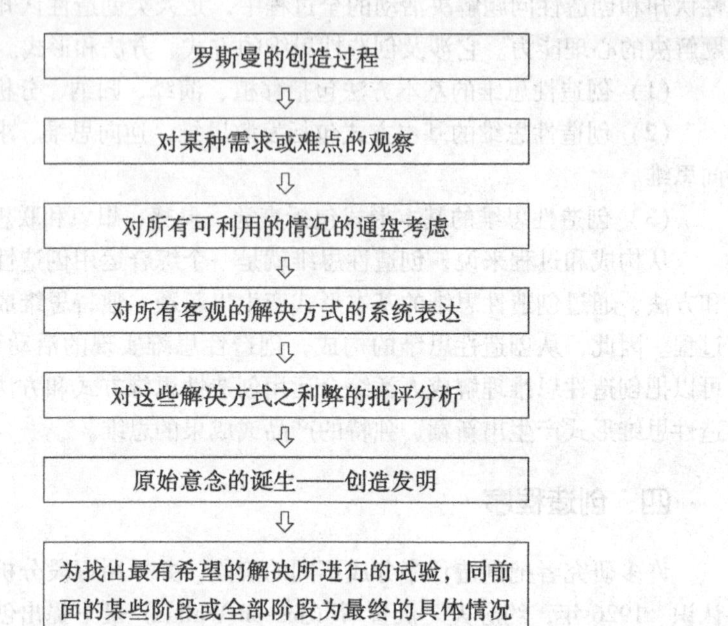

图 4－1－13　罗斯曼的创造过程

前面我们列举了两种不同的创造程序的划分方案，除了这两种，还有其他方案。但是，无论是哪种方案，都具有共同的规律，所有的创造程序都可以大致概括为以下四个阶段。

（1）积累。创造的前提条件是对以往的情况进行了解，所以积累相关资料是必须的过程。首先要收集、积累有关资料、情报，以便准确地提出问题，选定对象目标。然后围绕对象目标再次收集和积累资料、情报。

（2）酝酿。在酝酿阶段中强调发挥思维的灵活性，充分运用各种创造原理，如移植、归纳、演绎和形象思维、想象力等创造才能。

（3）领悟。这一阶段主要是对之前积累的资料和相关想象进行整理，是一些初步构思和发现，还没有形成明确的设想或方案。此时，非逻辑思维和直觉、灵感、想象等要起决定性作用。从表面现象来看，领悟阶段似乎是逻辑暂时中断，但却是思维飞跃的过程。

（4）验证。这是对前三个阶段的总结阶段，在此阶段中需要运用综合、分析、评价能力。经过试验和筛选，使设想向具体化方向发展，形成有实质性内容的可行方案。

以上四个阶段只是粗略地反映创造的一般过程，主要是为了从心理学的角度研究创造规律。在实际创造过程中，并不一定严格按以上四个步骤进行，还要有反馈、循环和变化。

第二节 产品设计创造力的特征分析

通过对产品设计创造力进行分析和总结，可以概括出以下几个特征。

一、限制性

产品设计的创造力并不是简单的、无限自由的创新行为，而是具有限制性特征的。设计创造力的限制性来源于商业的原因、技术的原因、文化的原因和社会观念的原因。

二、关联性

在思维意识上，产品设计创造活动不应将创造行为本身作为思维和研究的中心，而应该是把人、人与自然和谐作为思维和研究的中心。只有产品的收益人（人类本身）和与人类赖以生存的环境和谐统一，才是产品设计创造力服务的真正对象。

其实，产品设计创造力的目的就是努力在世界与人类之间寻求某种有机的关联性，建立某种“价值场”。这种关联性和“价值场”随产品创造的类型不同而不同（“价值场”是指价值的裙带价值收益环境）。

三、不寻常性

产品设计的创造力，在思维方式上依赖于不同寻常的思维方法，但它并不违背人类的基本思维规律。它的不寻常性必须是能够让人类在特定的时间和空间中，通过正常思维予以理解、接受和欣赏。否则就成了纯艺术家似的奇异想法，不能成为具有大众商业价值的产品设计创造力。

四、挑战性

产品设计创造力是产品设计的核心，它贯穿在产品设计过程的每个阶段。对于设计创造力而言，最令人兴奋和赋有挑战性的是那些完全自由的、偏离市场束缚的、纯粹性的创造行为。不幸的是，在现实世界中，产品设计师面对的设计工作都比较平淡，并且具有较大的限制性。例如，产品外观的改良设计、产品品种的扩大化设计、与竞争对手争市场份额的产品开发等，都有较大的限制性。但是，这并不等于说设计创造力在这些情形下就不重要，相反是更重要，更具有挑战性。

五、差异性

在今天的市场竞争中，价格竞争空间已经非常有限，因此产品的差异性创新就成了主要的竞争武器。为了保证竞争优势，就必须在你的产品和竞争产品之间创造差异，形成自己的优势。这就是今天产品创新的主要工作。

当然，产品创新在差异度的把握上非常讲究。它可以是全新的另类设计；也可以是不脱离主流，又不同于主流的延伸性设计。这种陌生与熟悉的尺度把握，是成功的关键。对陌生与熟悉的尺度把握，就是产品设计创造力的用武之地。

虽然大多数企业都不敢冒险去投资变异较大的原创设计，但不等于说，那些改良性、延伸性的设计就不需要创新。其实从创新的难易程度来看，改良性的创造不比开创性的创新简单。

如图 4－2－1 至图 4－2－3 所示，无论是原始工具的发展，还是自行车、电话的演变，都充分证明，在人类发展的进程中，产品的演变和创新是社会实践的必然产物。

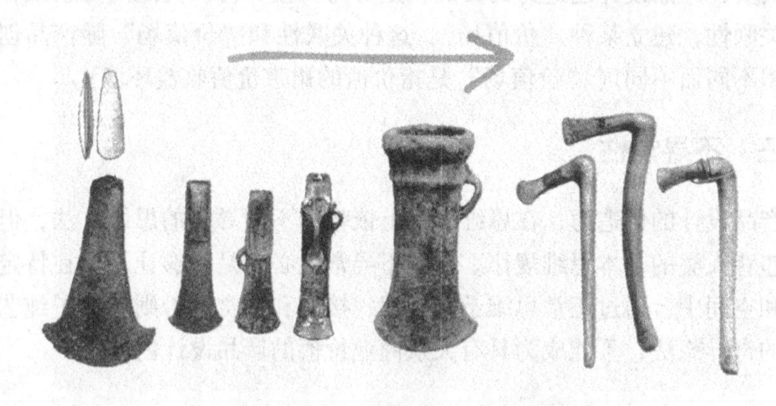

图 4－2－1　原始工具的演变和创新

图 4-2-2　自行车的诞生与早期发展

图 4-2-3　电话的诞生与早期发展

第三节　产品设计创造力的重要性分析

产品设计创造力的重要性主要体现在两个方面：第一，产品设计创造力能解决什么样的问题；第二，产品设计创造力具有什么样的地位。因此，本节就针对产品设计创造力的重要性，从这两个角度展开具体分析。

一、产品设计创造力的功能

在当今社会发展过程中，产品设计的创造力将会大大影响人类生活的方方面面，因此，这里我们就产品设计创造力的功能做简要概述，具体包括三方面。如图4-3-1所示。

产品设计创造力的功能
要使人类的物质和精神生活达到和谐的境界和高品质的水平，除了艺术、文学、音乐、应用技术的创造力之外，设计创造力也是必不可少的。特别是在与人类生活息息相关的产品设计领域，设计上的创造力就显得尤为重要。
人类社会需要有科学的发现和发明去解决人口增长问题、粮食问题、土地问题、水源短缺问题；环境污染问题、能源危机问题；发病率增高问题和恐怖组织问题等。
科学上的创造力并不能解决人类所有领域的不幸和苦恼，相反有可能给人类生活增加潜在的危险。因而，人们就需要用伦理学、政治学、社会学、经济学、文化学和宗教方面的创造力去解答为追求人类和平，增进人与人之间的信任及实现互助所提出的相关问题。

图4-3-1　产品设计创造力的功能

从图4-3-1中，我们不难看出，产品设计创造力对于促进人类社会的发展具有不可忽视的作用。但是，就目前社会现状来说，有太多的事实证明，人类的创造力并非都是有益于人类健康发展的动力，有些却是导致人类走向毁灭的反作用力。例如，人类在为自己的生活环境创造舒适温度的同时，产生了大量的温室气体排放，加速了全球恶劣气候的频发。因此，正确运用好设计的创造力就显得尤为重要。

二、产品设计创造力的地位

虽然设计创造力并非人类发展的唯一手段，但随着人类物质化和精神化程度的加速发展，产品设计的创造力在人类发展进程中所占的位置将越来越重要。纵观人类发展的历史，人类创造了丰富多彩的产品世界；而现在产品世界正在反过来创造人类本身。所以接下来我们就针对产品设计创造力在人类发展进程中的位置，从两个角度展开分析，具体如图4-3-2所示。

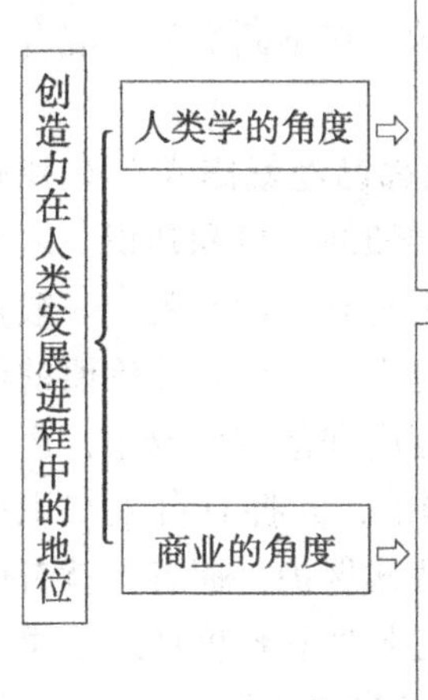

产品设计创造力的实际功效是巨大的，它构成了人类赖以生存的产品环境，同时也构成了可以促进人类发展或亦可能加速人类毁灭的“反作用力”。因此，如何把握好设计创造力的正面意义，是时代赋予当代设计师的重要使命。

产品设计创造力是企业赖以生存的重要手段。如今的企业正处在一个加速变革的时代，产品设计创造力是企业跟上时代的重要保障。特别是在各行各业，进入门槛不断降低，竞争变得异常激烈。产品设计创造力是有效保证企业保持不败的良药。可以说，在全球一体化经济体系中，设计创造力是帮助企业减慢自有知识消失的重要方法。

图 4－3－2　创造力在人类发展进程中的地位

在人类文明发展的进程中，产品创新是必然的，未来人类的生活不可能离开产品设计的创造力。不过人们应该更多地发挥正面意义的设计创造力，减少负面的设计创造力。

第四节　产品设计创造力的构成要素探析

要研究和开发创造力，寻找开发创造力的途径，就少不了对创造力的构成要素进行研究。根据知识经济时代的特点，可以把创造力的构成要素归纳为以下五个部分。

一、信息量度

“信息”和“知识”是创造的基础和原始材料。充分掌握大量的最新信息，并合理地运用它是产生新的创造、生产力的重要途径。没有及时的、可靠的、全面的信息，创造就会陷入盲目。美、日、俄等国在充分运用信息的过程中，一般可节约研究费用14%～15%，缩短数倍的时间，而且避免了大量的重复研究。当然没有知识也无法进行创造。很难想象，对吸尘和机电控制知识一无所知的人能创造出新型的吸尘器来。不了解前人的成果，知识一定贫乏，眼光也必定狭窄，这样的人不可能具有太大的创造力，所以“知识就是力量”具有一定的道理。但是在知识更新速度不断加速的今天，知识并不等于力量。人类的知识体系基本上可以分为三类，分别是科学、人文和艺术。这些知识并不是僵化不变的，而是与时俱进，随时代变迁而不断发展变化的。它们是相互作用的，在不断交叉、混合和出新的过程中获取发展，共同进步。

在现在这个知识经济时代，很多信息与知识都已经暴露在公众视野下，而真正发挥巨大力量的却往往是那些尚未被共知的信息和知识。之所以这样说，是因为知识与信息被共知的程度和范围与其新旧有关。一般来说，信息与知识越陈旧，被共知的程度和范围就越大，产生有效价值的可能性就越小；相反，信息与知识越新，被共知的程度和范围就越小，产生有效价值的可能性就越大。如果“知识”是自创的，并拥有自主知识产权，在一段时间里，不被别人所知或虽知但因受法律保护，拥有者就有可能产生最大的价值。为了反映信息和知识的这种时效性和价值性，这里讨论的是信息的“量度”概念。这里我们要说的“信息量度”，并不是简单的知识量的叠加，而是一种特殊的加权“和”。具体来说，它指的是与创造课题有关的信息和知识的总量及其新旧程度的函数关系，“信息量度”越大，创造力就会越大。

二、创造性思维

创造性思维是创造力的核心，从某种程度上讲，创造力是人的一种高级能力，因此，创造性思维是人类赖以生存的以创造行为为特征的思维活动。在它的带领下，才在社会生活的各个领域内不断取得新的成就，不断创造出人类文明的新篇章。

创造性思维能力主要是指发散思维能力，它与联想能力、想象能力、推理能力、灵感和直觉等有关，离不开逻辑思维和非逻辑思维（形象思维）两种思维模式。创造性思维不是一般的思维，它不只是依赖现有的材料进行分析、综合、判断、推理来解决问题，而是在现有材料的基础上用独特的新颖的思维方法，创造出具有社会价值和前所未有的新产品、新技术、新概念、新原理、新作品的心理过程。创造性思维给人类创造性活动带来根本性的技术支持，没有创造性思维就不可能实现突破和超越。

三、创新意识

创新意识是指对创造有关的信息及创造活动、方法、过程本身的综合觉察与认识，即创造的欲望，包括动机、兴趣、好奇心、求知欲、探索性、主动性、敏感性等。培养创造意识，可以激发创造动机，产生创造兴趣，提高创造热情，形成创造习惯，从而增强创造欲望。

创造成果一般包括两项内容，即创造意识和创造方法。这两项内容之间的关系一直是仁者见仁智者见智，但从某种意义上说，创造意识比创造方法更为重要。意识是一种内在的思想，它影响着行为的发生，甚至决定创造的灵气和成败，所以是创造的必备状态。一个人如果没有创造意识，即使有再好的才能和条件，在具体的创造中也不可能成功。尤其在创造的初期，创造意识能增强创造者关注问题、发现问题的敏感性，并决定创造过程的启动。

四、创造精神

我们无法给创造精神下一个明确的定义，所有在创造过程中表现出来的积极的、开放的心理状态，都是创造精神的体现，包括怀疑精神、冒险精神、挑战精神、献身精神、使命感、责任感、事业心、自信心、热情、勇气、意志、毅力、恒心等。简单来说，创造精神就是创造的胆略，拥有创造精神强的人，都敢想、敢说、敢做，不迷信权威、不人云亦云，不怕困难、不畏艰险、胸怀宽广、无私无畏。

在创造活动中，没有怀疑精神和挑战精神，就不可能产生创造的落点，更不可能突破，所以创造精神往往是成功的关键；没有冒险精神和献身精神，就没有胆略和勇气；没有自信心和坚强的意志力，就不可能克服重重困难的决心，就会使创造半途而废。

古往今来，凡是有重大突破的创造者，都是从怀疑开始、最终挣脱传统观念的束缚，而获得巨大的成功。怀疑是从已知通向未知的大门，创造者应该大胆而有理智地用怀疑的目光去寻找创造的突破口。这就是创造的前奏。

五、创造技巧

创造技巧主要是指灵活运用各种创造技法及把创造构思转化为实物的操作能力。自从创造学诞生到今天，人们已创造出400多种创造技巧，熟练地运用各种创造技巧可以提高创造的速度和效率，起到事半功倍的效果。

以上五种因素都是组成创造力的重要因素，因为有了它们，人类的创造力才会越来越强。它们与创造力的关系可以用下列公式表示。

创造力 = 信息量度 × 创造意识 × 创造精神 × 创造思维能力 × 创造技能

第五章　创新设计思维

对于产品设计而言，创新设计思维具有十分重要的意义。本章主要围绕创新设计思维进行具体探讨，内容包括创新·创造力思维，创新设计思维的三要素和影响因素，创新设计思维的种类，以及主要的创造性技法。

第一节　创新·创造力思维

首先，本节主要围绕创新、创造、创造性以及创造性思维等内容进行具体论述。

一、创新

人类能够长期地生存、进步与发展，离不开创新。相对论之父爱因斯坦在1936年10月15日美国高等教育300周年的纪念大会上有一段讲话："没有个人独创性和个人志愿的统一规格的人所组成的社会，将是一个没有发展可能的不幸的社会。"管理大师德鲁克说，对企业来讲，要么创新，要么死亡。通过分析他们的观点，我们不难看出，创新对企业、社会、民族、国家乃至全球的发展都起到了至关重要的作用。

创新（英文 innovation）一词起源于拉丁语，其原意大致有三层含义，如图5－1－1所示。

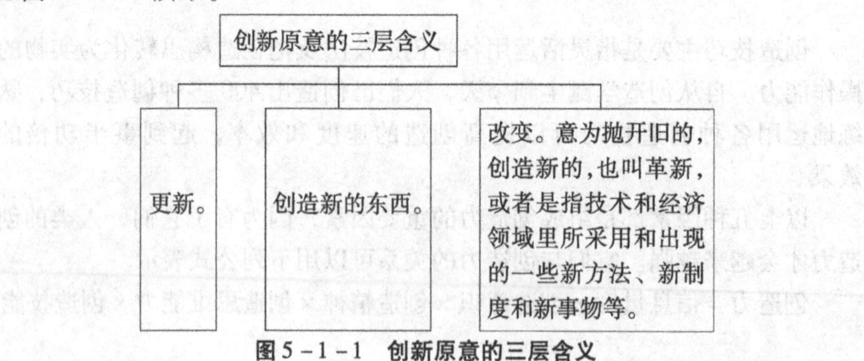

图5－1－1　创新原意的三层含义

通过分析图5－1－1，我们可以得出一个结论：创新最重要的表征就是新颖和独特，以体现“首创”和“前所未有”的特点。

创新也指现实生活中一切有创造性意义的研究和发明、见解和活动，包括创造、创见、创业等意。美籍奥地利经济学家 J. A. 熊彼特曾探讨过创新的概念，包括五方面的内容，如图 5－1－2 所示。

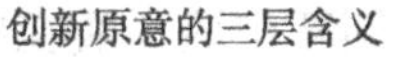

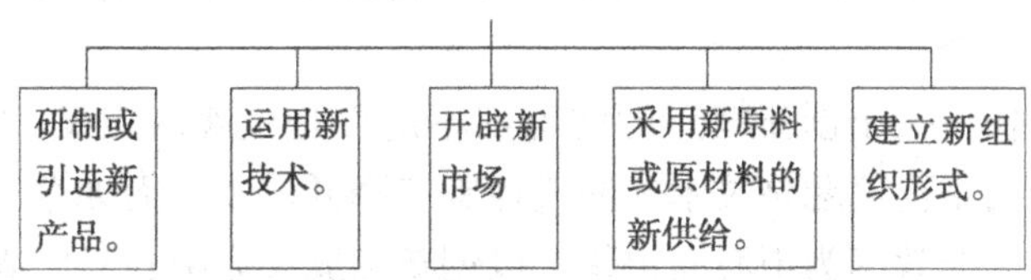

图 5－1－2 熊彼特的创新概念包含的五方面内容

熊彼特的创新理论受到经济学界的重视，尤其是 20 世纪 70 年代以后。21 世纪初所说的创新，在熊彼特的基础上有了发展，已从单纯的经济学概念演变为含义宽广的哲学概念。

实际上，创新是一个多元性的概念。其多元性主要体现在以下五个方面。为了使各位读者更好地了解这部分内容，我们制作了图 5－1－3。

创新多元性的主要表现

- 创新来源的多样化。创新源自很多方面——意外发现、人类对清洁能源的需要、可持续发展、市场、用户、设计、经济结构、管制变化，甚至某个失败的项目都可能产生创新机遇。
- 创新多元性的内涵非常丰富。创新远远不只是技术创新和产品创新，还包括业务流程创新、商业模式创新、管理创新、制度创新、服务创新以及创造全新市场以满足尚未开发的顾客需要，甚至新的营销和分销方法等。
- 创新在程度上的巨大差别。既有微处理器这种革命性创新，也有外观设计变化这类渐进性创新，还有结构式创新、跳跃式创新以及随身听（索尼）这种创造空缺市场的创新等。深受社会关注的行业标准，一般都是同结构式创新所形成的主导设计转化而来。
- 互联网和全球化。互联网与全球化使创新构思的来源和协作范围得到了很大拓展。创新的多元性还意味着正确寻找和选择创新构思、有效组织实施创新，并在适当的时间限度内把创新带向市场，也就是企业创新方式的创新。
- 参与者的多样化。创新多元性的一种体现。创新不是某个部门或少数几个人的任务，而是遍布整个企业的思维方式。现代的创新甚至不能局限于一个企业的内部，而是呈现出网络化协作的特征，研发和设计部门、合作企业、用户、供应商、大学、政府，甚至竞争对手，都可能参与其中。如礼来制药早就实现了创新流程的国际化。

图 5－1－3 创新多元性的主要表现

仅靠单纯的技术创新一般说来无法取得商业成功，这是现代创新的一个显著特征，主要体现在以下两个方面。

（1）创新包含的知识产权和技术越来越多，单个技术创新不能保证整个创新成功。

（2）企业要想从某个技术创新中取得实在的商业利益，常常需要其他多种创新的配合。

显然，任何关于创新概念的解释都不能算是最终的定义。20 世纪 90 年代，创新的主要议题是技术、质量控制和降低成本。而如今，创新的含义扩展为以企业效率为中心而组织，以创新和成长为中心而再造，等等。

对创新的界定或许不需要那么严格，因为那样会对思维创新产生限制作用。企业也不要把创新看得高不可攀。其实，创新是人类最普遍的行为，并不是许多人可望不可及的事情；创新无处不在。

二、创造与创造性

在上文中，我们对创新做出了一番探讨，想必每位读者对这部分内容已经有了一个深入的认识。下面，我们主要围绕创造、创造性以及创造力进行具体阐述。

提出新颖的构想，实现科学发现、技术创新等，就是创造的本质。创造力是指一个人从事创造性活动并获得创造性成果的能力。我们说一个人是高创造力的人，主要不是就他的创造力潜能而言的，而是就他已做出的创造性成果来评价的。一个人要成为高创造力的人，重要的是开发和释放自己的创造力潜能，并使之转化为现实的创造性成果。

（一）创造

“创”在《辞源》的义项上主要有戕伤、始、造、惩等意思，反映出来的主要倾向是“破坏”和“开始”；“造”的义项主要有建设、始、制备等意思，反映出来的主要倾向是“构建”和“成为”，故而“创造”一词的原意是“破坏和建设相统一”。所以，广义的创造是在破坏和突破旧事物的前提下，重新构建并产生新事物的一种活动。我国的《辞海》把创造界定为“首创前所未有的事物”。

（二）创造性

关于创造性的定义，界内还未达成共识。不同的心理学家对“创造性”一词的理解和使用较大差异。

美国著名心理学家斯腾伯格提出，关于创造性的定义存在两个共同要素，即“新颖性”和“适用性”，他将创造性定义为“创造性是一种创造既新颖又适用的产品的能力”。这一界定是根据结果来判定创造性的，判定标准主要有以下两种。为了使各位读者更好地了解这部分内容，我们制作了图5－1－4。

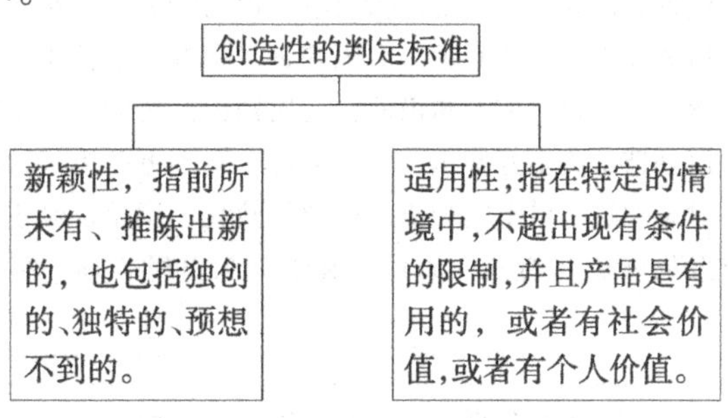

图5－1－4 创造性的判定标准

（三）创造力

创造力（creativity ingenuity），是人类特有的一种综合性本领。一个人是否具有创造力，是一流人才和三流人才的分水岭。比如，创造新概念、新理论，创作新作品等都是创造力的表现。

真正的创造活动总是对社会产生有价值的成果，人类的文明史实质是创造力的实现结果。对于创造力的研究，人们越来越重视，并出现了两种倾向。为了使各位读者更好地了解这部分内容，我们制作了图5－1－5。

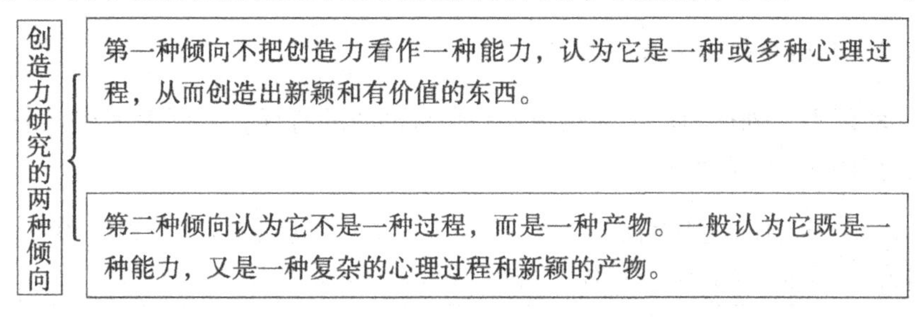

图5－1－5 创造力研究的两种倾向

与一般能力相比较而言，创造力的独特之处在于其新颖性和独创性。它的主要成分是发散思维，即无定向、无约束地由已知探索未知的思维方式。按照美国心理学家吉尔福德的看法，当发散思维裹现为外部行为时，就代表了个人的创造能力。

1. 创造力的构成

经过长期的分析与研究，我们对创造力的构成做出了总结，主要归纳为三个方面。为了使各位读者更好地了解这部分内容，我们制作了图5－1－6。

创造力的构成

作为基础因素的知识。主要包括吸收知识的能力、记忆知识的能力和理解知识的能力。吸收知识，巩固知识，掌握专业技术、实际操作技术，积累实践经验，扩大知识面，运用知识分析问题，是创造力的基础。任何创造都离不开知识，知识丰富有利于更多更好地提出创造性设想，对设想进行科学的分析、鉴别与简化、调整、修正；并有利于创造方案的实施与检验；而且有利于克服自卑心理，使自信心得到增强。

创造个性品质。主要包括意志、情操等方面的内容。它是在一个人生理素质的基础上，在一定的社会历史条件下，通过社会实践活动形成和发展起来的，是创造活动中所表现出来的创造素质。对于创造而言，优良素质具有十分重要的意义。

以创造性思维能力为核心的智能。智能是智力和多种能力的综合，既包括敏锐、独特的观察力，高度集中的注意力，高效持久的记忆力和灵活自如的操作力，也包括创造性思维能力，掌握和运用创造原理、技巧和方法的能力，等等。

图5－1－6 创造力的构成

2. 创造力的行为表现特征

实际上，创造力的行为表现具有自身鲜明的特征，主要表现在三个方面，如图5－1－7所示。

创造力研究的两种倾向

变通性。思维能随机应变，举一反三，不易受功能固着等心理定势的干扰，因此能产生超常的构想，提出新观念。

流畅性。反应既快又多，能够在较短的时间内表达出较多的观念。

独特性。对事物具有不寻常的独特见解。

图5－1－7 创造力行为表现的特征

在能力结构中，聚合思维①同样起到了重要作用。发散思维与聚合思维二者是统一的、相辅相成的。实际上，创造力与智力、人格特征都有紧密的关系。通常，高创造力者具有一些人格特征，具体如下：

（1）兴趣广泛。

（2）语言流畅。

（3）具有幽默感。

（4）反应敏捷。

（5）思辨严密。

（6）善于记忆。

（7）工作效率高。

（8）从众行为少。

（9）好独立行事。

（10）自信心强。

（11）喜欢研究抽象问题。

（12）生活范围较大。

（13）社交能力强。

（14）抱负水平高。

（15）态度直率、坦白。

（16）感情开放。

3. 创造力的培养

总的来讲，创造力的培养体现为四个方面，如图 5－1－8 所示。

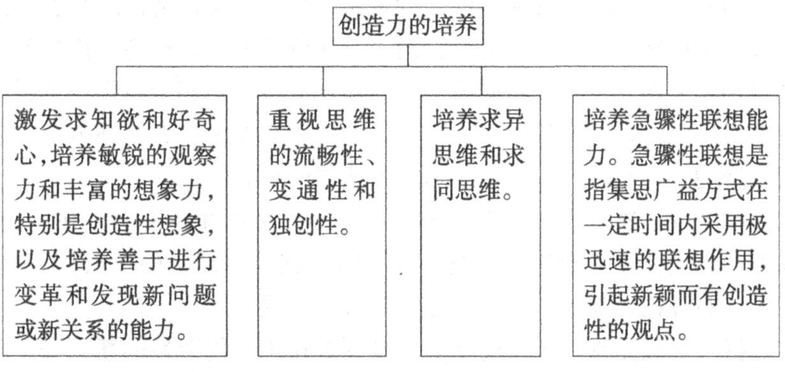

图 5－1－8　创造力的培养

①所谓聚合思维是指利用已有定论的原理、定律、方法，解决问题时有方向、有范围、有程序的思维方式。

三、创造性思维

创造性思维也是本节需要重点探讨的内容。下面，我们主要围绕创造性思维的含义、特征以及作用，进行具体阐述。

（一）创造性思维的含义

“思维”是人脑对客观事物间接的和概括的反映，它既能动地反映客观世界，又能动地反作用于客观世界。它往往是指以下两个方面。

（1）理性认识，即“思想”。

（2）理性认识的过程，即“思考”。

创造性思维（creative thinking）是一种具有开创意义的思维活动，即开拓人类认识新领域，开创人类认识新成果的思维活动。新技术的发明，新观念的形成，新理论的创建等是其主要表现。对领导活动而言，其表现在社会发展处于十字路口时所做出的重大抉择等，这是狭义上的理解。从广义上讲，创造性思维不仅表现为做出了完整的新发现和新发明的思维过程，而且还表现为在思考的方法和技巧上，在某些局部的结论和见解上具有新奇、独到之处的思维活动。

创造性思维不是单一的思维形式，而是以各种智力与非智力因素为基础，在创造活动中表现出来的具有独创的、高级的、复杂的思维活动，是整个创造活动的实质和核心。需要明确的是，它不是神秘莫测的，其物质基础在于人的大脑。

“选择”“突破”“重新建构”的关系与统一，是创造性思维实质的主要表现。所谓选择，就是找资料、调研、充分地思索，让各方面的问题都充分想到、表露，从中去粗取精、去伪存真，特别强调有意识的选择。它是创造性思维得以展开的第一个要素，也是创造性思维各个环节上的制约因素。选题、选材、选方案等，均属于选择的范畴。

在创造性思维进程中，决不去盲目选择，重点在于突破，在于创新。而问题的突破往往表现为从“逻辑的中断”到“思想上的飞跃”。孕育出新观点、新理论、新方案，从而更好地解决问题。

选择、突破是重新建构的基础。其原因在于，创造性的新成果、新理论、新思想不包含于现有的知识体系之中。由此可见，善于进行“重新建构”是创造性思维的关键。只有做到这一点，才能有效而及时地抓住新的本质，筑起新的思维支架。

显然，一项创造性思维成果的取得往往需要经过长期钻研，而创造性思维能力的具备也需长期积累。创造性思维过程还离不开推理、想象、联想、直觉等思维活动。然而，产品创新设计离不开创造性思维活动，设计的内涵就是创造，设计思维的内涵就是创造性思维，这一点需要引起我们的注意。

（二）创造性思维的特征

创造性思维具有明显的特征。经过长期的分析与研究，我们对创造性思维的特征做出了总结，主要归纳为以下五个方面。

1. 灵活性

创造性思维是没有固定的方式、程序的，其活动往往表现出不同的结果、方法、技巧。所以，灵活性是其重要特征之一，这一点需要注意。

2. 独创性

独创性也是创造性思维的一大特征。一位希望事业有成或生活出意义来或做一个称职的领导的人，就要在前人、常人没有涉足，不敢前往的领域“开垦”出自己的一片天地。因此，具有创造性思维的人，对事物必须具有浓厚的创新兴趣，在实际活动中善于超出思维常规，对“完善”的事物、平稳有序发展的事物进行重新认识，以求新的发现。

3. 风险性

实际上，创造性思维活动带有一定风险，它不可能每次都取得成功，甚至有可能毫无成效或者得出错误的结论。可以说，风险与机会、成功并存。如果没有风险，那么创造性思维活动就失去了其本质，而变成习惯性思维活动了。

4. 艺术性与非拟性

创造性思维活动的发生伴随有“想象”“直觉”“灵感”等非逻辑、非规范思维活动，如“思想”“灵感”“直觉”等往往因人而异、因时而异、因问题和对象而异，所以创造性思维活动具有极大的特殊性、随机性和技巧性，他人不可以完全模仿、模拟。创造性思维活动的上述特点同艺术活动有相似之处，艺术活动就是每个人充分发挥自己才能，包括利用直觉、灵感、想象等非理性的活动，艺术活动的表面现象和过程可以模仿，如凡·高的名画《向日葵》，人们都可以去画“向日葵”，且大小、颜色都可以模仿，甚至临摹。然而，艺术的精髓和内在的东西及凡·高的创造性创作能力只属于个人，是无法仿造的。任何模仿品只能是“几乎”以假充真，但毕竟不是真的，所以，才有人愿冒生命之危险，设法盗窃著名画家的真迹。同样，创造性思维活动的内在品质也是不可模仿的。因为一旦谈得上可以模仿，所模仿的只是活动的实际实施过程，并且自己是跟在他人后面，一步一个脚印地学习他人。尤其是，创造性的思维能力无法像一件物品，如茶杯，摆在我们面前，任我们临摹、仿造。这也是创造性思维被称为是一种高超艺术的主要原因。

5. 对象的潜在性

在创造性思维特征的这部分内容中，除了以上四个方面以外，还有一个方面需要我们在这里进行具体探讨，即对象的潜在性。下面，我们主要围绕这部分内容进行具体阐述。

创造性思维活动从现实活动和客体出发，其指向是一个潜在的、尚未被认识和实践对象。例如，在改革浪潮席卷全球的今天，无论是发达国家，还是发展中国家，都在寻求适合本国国情的改革之路，那么，这条路究竟怎么走，各国正在探索，即各国的领导者们分别依据本国所面临的各种现实情况，进行创造性的思索，大胆试验，所以，这条路至今还不太清晰，还是潜在的，至多是处在由潜在向现实的不断转变之中。所以，创造性思维的对象或者是刚刚进入人类的实践范围，尚未被人类所认识的客体，人们只能猜测它的存在状况；或者是人们虽然有了一定的认识，但认识尚不完全，还可以从深度和广度上加以进一步认识的客体，显而易见，这两类客体带有潜在性。

（三）创造性思维的作用

在创造性思维这部分内容中，除了其含义、特征以外，还有一个方面需要我们在这里进行具体探讨，即其作用。下面，我们主要围绕这部分内容进行具体阐述。

创造性思维能起到十分重要的作用。经过长期的分析与研究，我们对创造性思维的作用做出了总结，主要归纳为以下三个方面。

1. 不断提高人类的认识能力

上文中提到，创造性思维是一种高超的艺术，创造性思维活动及过程中的内在的东西是无法模仿的。这内在的东西就是创造性思维能力。实际上，获得这种能力是要依赖一些条件的，主要有三个方面。为了使各位读者更好地了解这部分内容，我们制作了图 5－1－9。

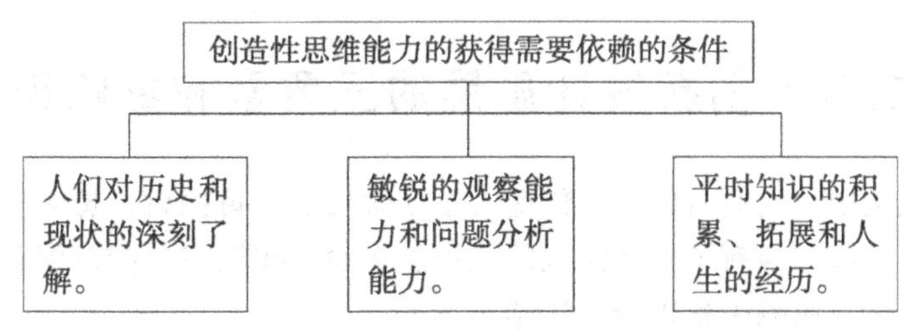

图 5-1-9　创造性思维能力的获得需要依赖的条件

每一次创造性思维过程就是一次锻炼思维能力的过程，因为要想获得对未知世界的认识，人们就要不断地探索前人没有采用过的思维方法、思考角度去进行思考，就要独创性地寻求没有先例的办法和途径去正确、有效地观察问题、分析问题和解决问题，从而能够使人类认识未知事物的能力得到提高。可见，创造性思维在很大程度上决定着认识能力的提高。

2. 不断增加人类知识的总量，不断推进人类认识世界的水平

创造性思维因其对象的潜在性特征，表明它是向着未知或不完全知的领域进军，不断扩大着人们的认识范围，不断地把未被认识的东西变为可以认识和已经认识的东西，科学上每一次的发现和创造，都会增加人类的知识总量，推动着人类由必然王国向自由王国迈进。

3. 为实践开辟新的局面

创造性思维具有敢于创新的精神，人们在这种精神的支配下，不满于现状和已有的知识和经验，总是力图探索客观世界中还未被认识的本质和规律，并以此为指导，进行开拓性的实践，开辟出人类实践活动的新领域。在中国，正是邓小平同志对社会主义建设问题进行创造性的思维，提出了有中国特色的社会主义理论，才有了中国翻天覆地的变化，才有了今天的轰轰烈烈的改革实践。相反，若没有创造性的思维，人类的实践活动就不会得到发展。

未来，创造性思维将成为人类的主要活动方式。如今，人工智能技术的推广和应用，使人所从事的一些简单的、具有一定逻辑规则的思维活动，可以交给“人工智能”去完成，从而又部分地把人从简单脑力劳动中解放出来。所以，人可以充分进行创造性思维活动，这将对人类文明的蓬勃发展起到推动作用。

第二节　创新设计思维的三要素和影响因素

在上文中，我们对创新·创造力思维做出了一番探讨，想必每位读者对这部分内容已经有了更加深入的认识。下面，我们主要围绕创新设计思维的三要素与影响因素进行具体阐述。

创造性思维是由判断力、知识面、信息量等手段相互支持才得以成立的，从设计创造的角度来说，感觉、信息的积累、知识与修养，再加上判断力，才能准确地把握设计的创意。下面，我们主要围绕创新设计思维的三要素与影响因素，进行具体阐述。

一、创新设计思维的三要素

与一般思维相比，创新思维存在很大的不同。一般的思维，其方式是从概念、判断到推理，感觉、知觉到记忆，但是创新思维不是这种一般的思维方式。创新思维就是以超常规乃至反常规的眼界视角和方法去观察并处理问题，不是用一般的方法。同时还要提出与众不同的解决问题的方案，方案还要是新的。如果这个方案不新，仅有新的视角拿不出新的方案，那么我们也不能称之为创新思维。而且，这个方案拿出来了运用到社会实践中还需要我们的创造能力，主题创造能力带来一种新的变化。符合上述内容的思维才是真正创新思维。

换言之，创新思维的三要素如下。

（1）创新思维必须从新的视角看问题。如果只停留于旧视角、老观念，那么就不可能产生新的思维方式与内容。

（2）方案必须是新的。方案的新，在于我们通过新的视角，拿出来一种新的解决问题的方案。

（3）要求提升人们的主体创新能力。

二、创新设计思维的影响因素

在本节内容中，除了创新设计思维的三要素以外，还有一部分内容需要进行具体探讨，即创新设计思维的影响因素。下面，我们主要围绕这部分内容进行具体阐述。

我们都清楚，人们的思维活动往往会形成思维定势，设计师也不例外。设计师的设计思维很可能被固定的职业和戒律约束，只有把自己的世界观还原成社会人，把设计不只是当成一份工作，创意才不只是一项任务，生命才不会虚度。

实际上，社会人具备一切常人所有的情感要素。这样的设计师在创作的过程中，目光并不是只聚焦在产品上，还包含对生命的洞察和热爱，对社会的理解和智慧，对问题的关注和参与。要达到这样的境界，要有终极关怀的情愫，有忧患意识，学会用设计赞美一切人性的美，弘扬一切人性的善。这是一切“以人为本”为宗旨的设计思维的出发点，这样的作品才能深入人心，真正受到人们的青睐。

影响设计师设计思维的因素有很多，包括社会大众的审美趋向、客户的要求以及设计本身的一些制约等等。作为一个设计任务的完成者，也是社会文化的缔造者，优秀的设计师会在很大程度上影响社会的设计文化思潮。这也就决定了设计应当有更高层次的追求，是在设计的混乱与无度中浑水摸鱼，还是高举审美理性的大旗，为设计的社会审美舆论做正确的导向，这种反思主要源于设计师对自身价值的判断。

设计应着眼于全人类的利益，而不是仅为少部分人服务。许多具有社会责任感的设计师开始逐渐关注所有的社会群体，而不再局限于发达地区的富裕阶层。他们开始将自己的设计原则屹立于泛人类的广义的生存之道上，而不再为那些为了眼前利益而牺牲整个地球未来的人服务。他们的设计作品评判原则的中心正逐渐从物质层面的便利、快速、科技、耐用、舒适，转向精神层面的人文、自然、个性化、手工感。

如今，设计师应时刻提醒自己，要具有环保设计的观念。进入新世纪设计师所担负的使命比过去任何一个时期都艰辛，他们必须面对许多新问题：要关注产品设计—生产—消费的方法和过程；要有效地利用有限资源和使用可回收材料制成的产品，以减少一次性产品的使用；全方位考虑资源利用和环境影响及解决方法。在设计过程中应把降低能耗、易于拆卸、使材料和部件能够循环使用，把产品的性能、质量、成本与环境指数列入同等的设计指标，从而生产出更多的绿色产品，以推动可持续发展。

第三节　创新设计思维的种类

在上文中，我们对创新设计思维的三要素和影响要素做出了一番探讨，想必每位读者对这部分内容已经有了更加深入的认识。下面，我们主要围绕创新设计思维种类进行具体阐述。

经过长期的分析与研究，我们对创新设计思维的种类做出了总结，主要归纳为以下几个方面。

一、顺向性创新思维

所谓顺向性创新思维，是指能够完整地掌握和忠实地传承已有的知识系统，并对该知识系统进行延伸和发展的思维。从这个意义上来说，创新就是向深度和广度对某些问题的挖掘和探寻。

人类创造了许多知识，如果仅停留在会背会记的层面是不会有未来的发展的，所以必须对原有的知识进行延伸，而顺向性创新思维正是这种沿着问题一直思考的创新思维方式。为了使各位读者更好地了解这种思维的思考过程，我们制作了图 5-3-1。

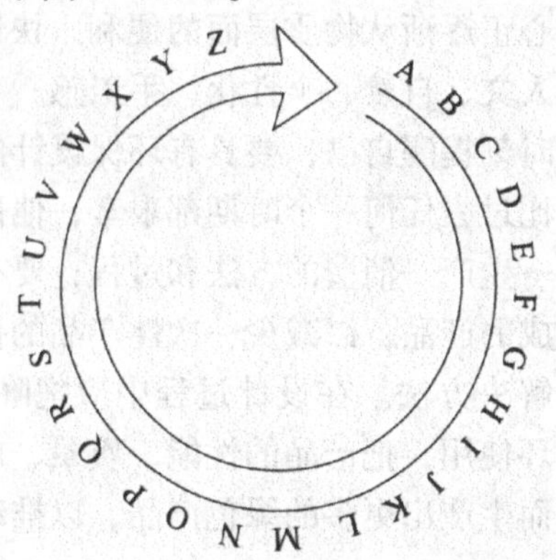

图 5-3-1　顺向性创新思维思考过程

二、逆向思维

所谓逆向思维，是指从相反的方向考虑问题的思维。通常表现为对现存秩序和既有认识的反动。从某种程度上说它是对固有的、公认的“真理”进行大胆地怀疑，也是人类对未知领域的一种追根究底的探索。逆向思维是一种行之有效的、科学的思维形式。

逆向设计是利用反方向的思维方式，将人的思路引向相反的方向，从常规的设计观念中剥离出来，进行新的创意方式和设计方法。所以，逆向设计总是能取得出其不意的效果，让人眼前一亮。为了使各位读者更好地了解逆向思维设计的方式，我们制作了图 5－3－2。

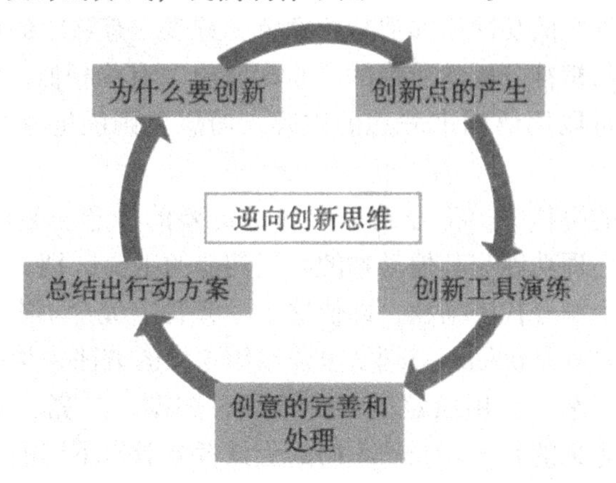

图 5－3－2　逆向思维设计的方式

三、想象思维

从大体上来讲，想象思维是心理学家称之为“意识流”的东西，即把一个人的正常思维行程打乱，让其沿着任何可能的思想方向拓展。睡觉时的梦境时常会出现一些荒唐的场面，但也可能产生一些有价值的想象思维成果。梦幻中所产生的各种思想和图像，都有可能生成解决某一个现实难题的创意胚胎。

从科学思维史意义来看，想象思维是原创性科学理论形成的重要酵素。爱因斯坦的相对论、魏格纳的大陆漂移说、沃森和克里克提出的 DNA 双螺旋结构等，都是借助于想象思维而完成的。许多伟大的科学家试图解决问题时，总是习惯用形象化符号代替语言符号。某些科学家甚至把自己想象成是问题的要素之一，如原子核中的一个粒子，或者人体中同进犯的细菌搏斗的一个细胞等。人们不仅应当仔细地去寻求事物间的联系和类同，还应让思想自由骋，以引导他们的思想超越现实的种种局限，沿着某些先前尚未探索过的路径前进。

量子力学的奠基者、德国物理学家普朗克深有体会地说：“每一个假说都是想象力发挥作用的产物。”爱因斯坦说：“想象力比知识更重要，因为知识是有限的，而想象力概括着世界上的一切，推动着进步，并且是知识的源泉。严格地说，想象力是科学的实在因素。”

想象思维也是技术发明和技术创新的重要推动力量。美国克莱斯勒飞机制造公司的设计人员认为，想象是“照亮通往未来的大道，调查通往未来线索的指针，并为计划走此路线的人提供了最佳的指导方法”。

想象是人在有意识和清醒的状态下产生或再现多种符号功能的能力，但又不是有意维织的功能，如清醒的意象、意念，有顺序的词语、句子和感受等。想象与精神分析学所称的“自由联想”有些相似，但是自由联想主要涉及的是可以用语词来表达的内容，而想象则能够呈现为非语词的形式。

在对想象的解释中，符号是一个非常重要的概念。有没有符号的特征，这是人的心理功能与其他动物的心理功能的主要区别，并且还是创造力的基础。一个符号代表某物，即使这个“某物”完全不在场。日常生活中最常见的符号就是语词。心理学家曾经用这样的方法来检验一个人产生思想的能力即创造力：用给定的三个语词，如湖、月亮、小孩这三个词语，造一个有意义的句子。当然不同的受试者会造出不同的句子来。有的可能说“月亮下孩子在游泳”，也有人可能说“小孩在湖中看到月亮的影子”等等。这是运用符号对想象进行加工解释的最简单的例子。

在想象思维中，往往会使用符号。如果一个人说“这美丽的风景”，听到这个人说话的人就清楚地知道语言“美丽”代表了什么，“风景”代表了什么。在普通语言里，我们按照特定目的选择词语并把它们按特殊的顺序排列成句，而在纯粹的想象中，词语可以像自由联想那样自由地浮现出来。

美国数学家维纳根据自己的切身经验，在《我是一个数学家》中写下了这样一段话：“事实上，如果说一种品质标志着一个数学家比任何别的数学家更有能力，那我认为这就是能够运用暂时的情感符号，以及能够把情感符号组成一种半永久的可以回忆的语言。如果一个数学家做不到这点，那他很可能会发现，他的思想由于很难用一个还没有塑成的形态保存起来而消失。”

创造心理学家阿提瑞指出，由于创造过程运用各种符号因而不同于人脑的普通功能，并且它还按照不同的前后关系或不同的比例配合使用符号，从而构造出某些从未被表征过的事物的符号，或者构造出某些在以前是用不同方式来表征的事物的符号。这种符号化过程就是创造的基本过程。

设计艺术家的想象活动，往往以记忆中的生活表象为起点，通过以往的体验、记忆，运用各种手段，再将这些记忆组合，并从中产生新的艺术形象。由此，我们不难看出，无论从事哪一类的艺术创造，都离不开想象思维。

随着时代的进步，人类生活、精神水平的逐渐升高，对现代设计师的设计要求也越来越高，作为一个现代设计师要想创造出好的设计作品，设计师本身必须具备一种超然的想象思维。许多优秀设计作品的创作经历无不证明，想象思维蕴藏着极大的创造力。

设计师在想象时，应打破惯性思维的方式，采取逆向型思维方式，并持“怀疑一切”的态度，方能使自己的设计别具一格，富有新意；不应仅仅只追求注重产品的外形设计，而应有研究社会、研究科学的能力，学会想象思维，把复杂的因素，甚至毫不相干的因素，从各个不同角度去构想、设计。

可以说，想象力是设计工作者应具备的基本能力，也是评价艺术工作者素质及能力的要素之一。具有想象思维能力的人，有着敏锐深邃的洞察力，能在混杂的表面事物中抓住本质特征去联想，能从不相似处察觉到相似，然后进行逻辑联系，把从表面上看不想管的事物进行联系。

四、头脑风暴式思维

头脑风暴指的是一种情境，即一群人围绕一个特定的兴趣领域产生新的观点。由于会议使用了没有拘束的规则，人们就能够更自由地思考，进入思想的新区域，从而产生很多新观点和解决问题的方法。头脑风暴是产生新观点的一个过程，也是使用一系列激励和引发新观点的特定的规则和技巧，这些新观点在普通情况下是无法产生的。为了使各位读者更好地了解头脑风暴式思维，我们制作了图 5 – 3 – 3。

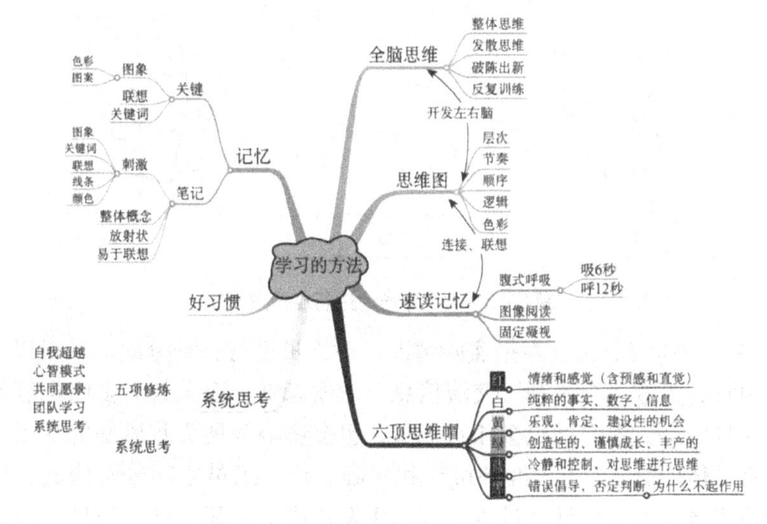

图 5 – 3 – 3　头脑风暴式思维发散图

实际上，大多数人都是单向、线性的思维，在产品创新设计过程中总会受到阻碍。在设计中引用头脑风暴的方法有利于设计师打开思维，自由畅想，改变简单模仿抄袭的状态，从而产生创意。

通常情况下，头脑风暴法的组织采用讨论的形式，其特点是让参与者敞开思想，使各种设想在相互碰撞中激起脑海的创造性风暴。在这个过程中更多的是提出问题，而不是针锋相对地反驳对方，否定某个观点。头脑风暴很重要的一点就是对数量的要求，在特定的时间内有尽可能多的想法，而并不急于去做出评价，这非常符合设计者在进行设计构思时的思维方式。

头脑风暴式的实践设计存在一系列流程。经过长期的分析与研究，我们对做了总结，主要归纳为以下五个方面。

(1) 确定设计的方向。用头脑风暴进行实践设计必须有一个设计选题，参与者围绕这个主题进行讨论。目标明确是头脑风暴有效开展的基础，因此必须在课前确定一个目标，比较具体的目标能使参与者较快产生设想，主持者也较容易掌握。

(2) 前期准备。为了提高设计效率，可在开始前做一点准备工作。如收集一些优秀设计资料预先给大家参考，以便参与者了解与命题有关的背景材料和优秀作品。场地可作适当布置和分组，以便参与者相互交流与合作。头脑风暴之前先根据参与者情况对场地进行合理布置，可参考图5－3－4。

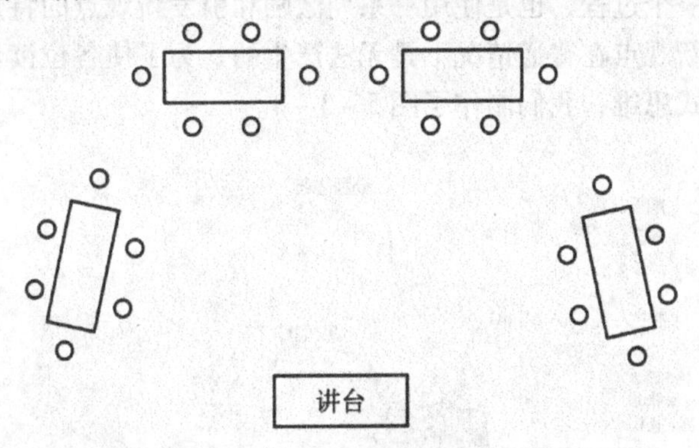

图5－3－4　对场地进行合理布置

(3) 组织与分工。根据实际情况，对人员进行合理分配，一般以3人一组为宜，人数太少不利于交流信息、激发思维；而人数太多则不容易掌握，并且每个人参与的机会相对减少，也会影响开展头脑风暴的气氛。组员要有具体的分工，1人准备材料和基础工作，组员之间分工明确，以便所有的成员能参与设计全过程，有利于发挥成员的积极性。另外，还需要1名主持人，他在头脑风暴设计开始时要重申设计的选题和注意事项，在过程中起到引导、掌握进程的作用。

（4）掌握时间。时间由主持人掌握，应遵循灵活性原则，不可过于死板。一般来说，以 40 分钟到 60 分钟左右为宜。时间太短难以进入状态，太长则容易产生疲劳感，影响效果。经验表明，创造性较强的设想一般在练习开始 10～15 分钟后逐渐产生。

（5）事后总结整理。这是最后一步，也是极为关键的一步。通常情况下，头脑风暴后会产生很多有意义的结果，如何把这些结果筛选出来，并做进一步的细化非常重要，这个时候，需要再定时间对好的方案再进一步商讨研究，直到优秀的设计方案出现。

五、横向思维

横向思维的积极倡导者有很多，英国剑桥大学教授爱德华·德博诺是其中的一个代表人物。他认为，生活中有时碰到的问题，当用常规办法无法解决时，人们应该尝试换个角度，使用迂回或反向的思考方式来寻求问题的解决之道。横向思维是通过明显的不合逻辑的方式寻求解决问题的方法，以一种不同的方式去看待问题的积极方法。它是一种新的思维方式，作为传统的批判和分析性思维方式的补充（图 5－3－5）。

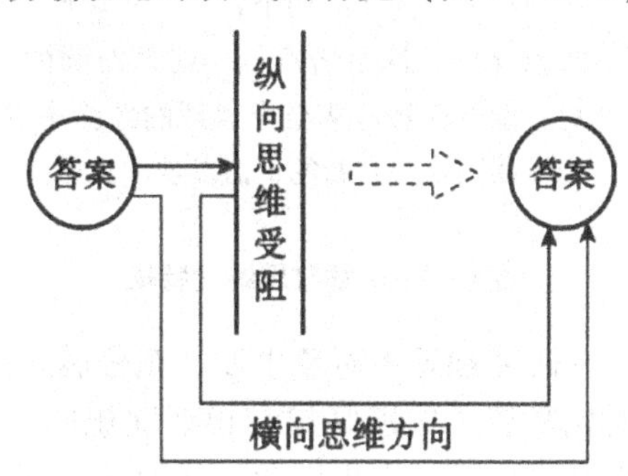

图 5－3－5　横向思维与纵向思维的关系

横向思维是一种便捷的工具，可以帮助个人、公司和团队解决疑难问题，并且创造新想法、新产品、新程序及新服务。其最大特点在于，打乱原来明显的思维顺序，从另一个角度找到解决问题的方法。

六、发散思维

发散思维是一种更宽泛的创造性思维形式，更深刻地体现着创造性思维的本质特征。与想象思维相比较而言，发散思维更无拘无束。发散思维的倡导者相信，人们可以通过蓄意制造一种混乱的、非理性的情绪，从中寻求出解决问题的各种特异构想。一般在正常情况下会被潜意识排除的异乎寻常的类比，在发散思维中却能进入有意识的头脑中。

发散思维具有鲜明的特征，主要表现在三个方面。为了使各位读者更好地了解这部分内容，我们制作了图5-3-6。

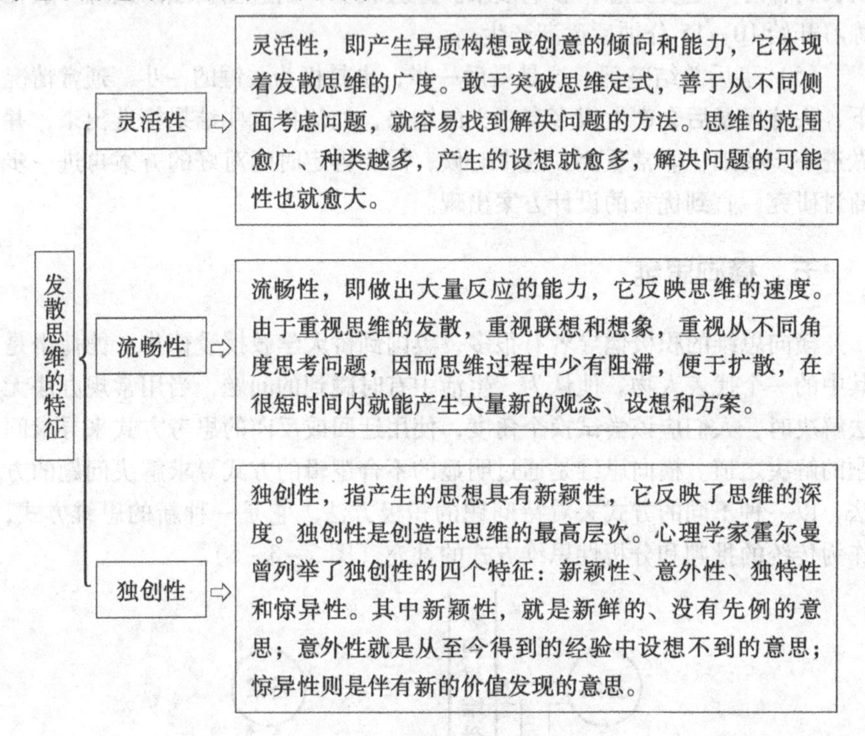

图5-3-6 发散思维的特征

发散思维即从某一研究和思考对象出发，充分展开想象的翅膀，从一点联想到多点，在对比联想、接近联想和相似联想的广阔领域分别涉足，从而形成产品的扇形开发格局，产生由此及彼的多项创新成果。发散思维从某一问题向多方向进行思考和创新。

七、仿生思维

除了以上六种思维以外，还有一种思维需要我们在这里进行具体探讨，即仿生思维。下面，我们主要围绕这部分内容进行具体阐述。

所谓仿生思维，就是在设计中注重功能仿生的运用，对自然生物的功能结构进行提炼概括，然后依照自然生物的形态结构特征，研究开发出既有一定使用价值，又能呈现出自然形态美感和功能的产品。

仿生设计的形成，是人类向大自然学习的产物。人们经过经验的积累、选择和改进自然物体的功能、形态，创造出更为优良的产品设计。如今，人们对产品设计提出了更高的要求，既要重视功能，又要追求自然美。

仿生设计的运用，不但可以创造结构精巧、用材合理、功能完备、美妙绝伦的产品，同时也赋予了产品形态以生命的象征。这样一来，设计就显得十分自然（图5－3－7）。

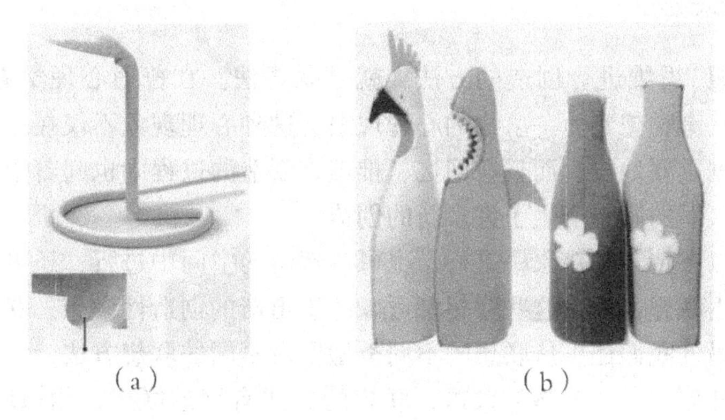

（a）　　（b）

图5－3－7　仿生思维设计的产品

第四节　主要的创造性技法研究

在上文中，我们对创新设计思维的种类做了一番探讨，想必每位读者对这部分内容已经有了更加深入的认识。下面，我们主要围绕常用的创造性技法进行具体阐述。

我国劳动人民在几千年前就注意从自己的创造活动中总结出许多为世人所瞩目的创造工艺和创造技法①。如司南发明后，北宋时期根据司南的创造原理，即用灯草串在针上，使针浮在水中，创造出了“水浮法”；继战国时代秦始皇的石刻印刷之后，出现了“泥活字”法，接着王祯又把活字置于转盘上，创造出“造活字印书法”等等。

如今的创造技法与古代有着明显的不同之处。古代的创造技法，在总结的方法上，如“水浮法”，只限于总结以往的经验，是创造活动的物质过程和手段；而现代创造学在总结创造技法上，注重的不是创造活动中的具体的创造过程和手段，而是创造主体的思维方法的开发和培养。如“智

①所谓创造技法，就是创造学家根据创造性思维发展规律总结出的创造发明的一些原理、技巧和方法。在创造实践中总结出的这些创造技法，能够在新的创造过程中加以借鉴使用，可以使人们的创造力以及创造成果的实现率得到大幅度提高。

力激励法”就不是告诉你去具体创造机器，是从心理学上发掘出创造主体的创造力的发挥规律。所以，我们应对现代创造学上所说的创造技法，理解为具有广泛应用价值的开发和培养创造力的科学方法。

实际上，创造技法有很多。下面，我们仅就几个常见的创造技法进行具体阐述。

一、联想法

利用联想①思维进行创造的方法，就是联想法。在普通心理学看来，联想就是由一事物想到另一事物的心理现象。这种心理现象不仅在人的心理活动中占据重要地位，而且在回忆、推理、创造的过程中也起着十分重要的作用。人们的联想产生了许多新的创造。

联想可以在特定的对象中进行，也可在特定的空间中进行，还可以进行无限的自由联想，而且这些联想都可以产生出新的创造性设想，获得创造的成功。另外我们还可从联想的不同类型发现不同的联想方法，去进行发现、发明和创造。从大体上来讲，联想的方法有接近联想、相似联想、自由联想、强制联想，等等。下面，我们主要围绕这三种联想方法进行具体阐述。

（一）接近联想

所谓接近联想，是指大脑想起在时间或空间上与外来刺激接近的经验、事物或动作。奥地利医生奥斯布鲁格受叩桶估酒的启发，通过联想发明了叩诊诊断疾病。日本的竺绍喜美贺女士，从幼年捕鱼、捞水草的网，联想发明了洗衣机中的吸毛器。日本池田博士有一次喝汤时觉得味道十分鲜美，经了解，是汤内放了海带。他想：海带里一定含有某种“鲜”的物质，因此对海带进行深入分析，经过反复的努力与试验，最终得到了$C_5H_9NO_4$的结晶体，即谷氨酸，于是味精被发明出来了。

20世纪30年代末期，德国化学家哈思和奥地利物理学家麦特纳宣布一项重大发现——研究中子在粒子加速器中轰击铀所产生的现象。意大利物理学家费米为了逃避法西斯政权的统治，流亡美国。费米运用接近联想法，由上述重大发现进行接近联想，于1942年12月2日，在美国芝加哥大学一个石墨块反应堆上进行中子裂变试验，于是核能便产生了，对全世界产生了重大影响。

①由一事物的现象、语词、动作等想到另一事物的现象、语词或动作等，称为联想。

（二）相似联想

相似联想是对相似事物的联想。这种联想能够反映事物的相似性，如由劳动模范想到战斗英雄，由瓦特想到爱迪生，等等。这种联想也可运用到创造发明过程中来，进行创造发明。例如，1957 年 10 月 4 日，苏联运用相似联想法，成功地发射了世界上第一艘太空船——世界上第一颗人造地球通信卫星。

（三）自由联想

自由联想是在人们的心理活动中，一种不受任何限制的联想。这种联想往往能产生诸多出奇的设想以及创造效果，但这些设想的成功率较低。

例如，荷兰生物学家列文虎克就是通过自由联想发现微生物的。1675 年的一天，下着小雨，他在显微镜下观察了很长一段时间，眼睛累得酸痛，便走到屋檐下休息。他看着那蒙蒙细雨，思考着刚才观察的结果，突然想起一个问题：在这清洁透明的雨水里，会不会有什么东西呢？于是，他拿起滴管取来一些水，放在显微镜下观察。没想到，竟有许许多多的“小动物”在显微镜下游动。他高兴极了，但他并不轻信刚才看到的结果，又在露天下接了几次雨水，却没有发现“小动物”。过几天后，他再接雨水观察，又发现了许多“小动物”，于是，他又广泛观察，发现“小动物”在地上有，空气里也有，到处都有，只是不同的地方“小动物”的形状不同、活动方式不同罢了，这些所谓的“小动物”，就是微生物。这一发现打开了自然界的一扇神秘窗户，揭示了生命的新篇章。毋庸置疑，这要归功于他的自由联想。

（四）强制联想

一般的创造活动都鼓励自由联想，这样可以引起联想的连锁反应，容易产生大量的创造性设想。但是，具体要解决某一个问题，有目的地去发展某项产品，也可采用强制联想①，让人们集中全部精力，在一定的控制范围内进行联想，也能产生发明与创造。例如，悬挂式多功能组合书柜就是采用“书柜”与“壁挂”的强制联想设计成功的；壁挂是一种室内装饰物，具有比较丰富的装饰手段。书柜与壁挂强制联想，把书柜按照形式美的规律做成像壁挂那么美观的形式，挂在墙上，放上书籍，其表现力就

①所谓强制联想，就是对事物有限制的联想，它与自由联想相对。这限制包括同义、反义、部分和整体等规则。

显得更加广泛。

二、灵感法

灵感法是靠激发灵感，使创新中久久得不到解决的关键问题获得解决的创新技法。突发性、突变性、突破性，是该创新技法的主要特征。

例如，A. G. 贝尔对电话的发明，主要归功于灵感法。他从1873年的夏天就开始做试验，日复一日，过了两年，无数个方案均遭失败。有一天夜里，助手沃特森请他聆听窗外隐隐传来的吉他弹奏声。贝尔听着听着，忽然跳起来朝沃特森猛击一拳："有啦！有啦！沃特森，你真行呀！"原来，他们以往设计的送话、受话器灵敏度太低，声音微弱得难以听到。他们从吉他的共鸣中获得了灵感，当即动手拆了床板做助音箱，一连三天改进装置，终于在1875年6月2日傍晚成功了。"沃特森先生，过来，我等你。"这是世界上用电话传送的第一句话。

又如，平板玻璃出厂后，由于包装运输问题，会有大量的破损，约20%，这在当时是一个很难解决的问题。全国生产的平板玻璃，每年运输中的破损量，相当于5个秦皇岛耀华玻璃厂的年产量，保险公司每年赔偿损失费1亿元。为了解决这个包装技术难题，从玻璃破碎的原因，对装卸、起吊、落地、运输进行了全过程分析，得出的结论是：必须减小玻璃所受到的冲击力。因此，必须设计出稳定性好、防振性好的包装架，以满足装卸、运输要求。但究竟如何能设计出这样的装置呢？设计者从过去买鸡蛋放在塑料袋里挂在自行车车把上，鸡蛋会破损，而拎在手上骑自行车，未发现鸡蛋破损，产生了灵感。其原因在于，对鸡蛋的直接振动变成了有弹性的间接振动。实际上，玻璃也是如此，所以设计出了平板玻璃"双重隔振包装架"，使玻璃在运输中的振动通过两次缓冲才能传到玻璃本身。而且，玻璃本身脆性大，如单片受力则不堪一击。若将80cm左右厚度的一箱玻璃捆成一体，则可使其抗震能力得到很大程度上的提高。后来，经过大量试验表明，玻璃的破损率降低至1%左右，故而解决了一大难题。

三、参数分析法

参数分析法是20世纪70年代美国麻省理工学院技术创新主任李耀滋博士推出的创新技术方法，其基本精神是运用参数分析和综合的方法发现和解决创新问题。

所谓参数，就是表明某个现象、设备或其他工作过程中某一重要性质的量。如汽轮机中蒸汽的压力、温度等就是该汽轮机蒸汽的参数，电流、电压和电阻等是电路的参数。任何一个问题都可以用参数表示它，如一个零件可用各种尺寸、重量、材料和质量等参数表示它；一台机器可用外形尺寸、重量、性能、质量、经济、外观等参数表示它，等等。由此，我们不难看出，任何一个创新问题都可以用参数分析它、表示它。用参数表示一个问题，往往非常概括、明了、简洁而深刻，如用功率等于单位时间内所做的功来表示一台机器能力的大小就是这样，如果不用功率这个参数则很难说明一台机器的能力。使用这一方法进行创新，往往能比较容易地解决问题。

从大体上来讲，应用参数分析法进行技术创新的步骤和方法有三个方面，具体如下。

（1）平时注意对现存的各种现象、产品和方法进行认真的技术观察、学习和研究，识别影响其重要性能的关键参数，从而增加自己的技术储备，同时也使自己识别影响事物性质关键参数的能力得到提高。

（2）对需要创新的问题进行参数分析和参数识别，识别出影响创新问题解决的最关键的参数和第二关键的参数。

（3）挑选自己平时储备的“营造材料”，对这些“营造材料”进行反复地筛选合成，进行创造性的综合，从而解决创新的关键问题。

总而言之，参数分析法是一种有效的技术创新方法，对大多数“学院式”的工程技术人员更是如此。对于其他人来说，掌握和运用参数分析法可能会费些力气。这种方法犹如在想象、机遇和灵感到解决创新问题之间架起一座桥梁，从而使想象、机遇和灵感等变得具体而有方向。

四、模仿创造法

所谓模仿创造法，是指人们对自然界各种事物、过程、现象等进行模拟①、科学类比（相似②、相关性）而得到新成果的方法。人们自觉地把生物界作为各种技术思想、设计原理和创造发明的源泉，产生了一门新兴的科学，即仿生学。J. E. 斯蒂尔博士给仿生学定义为：“仿生学是模仿生物系统的原理来建造技术系统，或者使人造技术系统具有类似于生物系统特征的种子。”其研究范围为机械仿生、物理仿生、化学仿生、人体仿生、智能仿生、宇宙仿生等。有的是功能的仿生，有的是形态的仿生，而其中又有抽象、具象仿生之分。

①所谓“模拟”，就是异类事物间某些相似的恰当比拟，是动词性的词。

②所谓“相似”，是指各类事物间某些共性的客观存在，是名词性的词。

模仿苍蝇眼睛制成的摄影机，一次能拍上千张照片，分辨率达4000条/cm，可用于复制显微线路。如今，银行用的点钞机，就是对人手快速点钞的机械仿生。瑞士人斯美托拉打猎时，常看到牛蒡子牢牢地附着在猎狗身上。有一次他用放大镜观察，原来是牛蒡子上长的小钩钩把种子挂在了卷曲的狗毛上，而且既可拿下，还可再钩住。于是他想："能不能把这种结构派上用场呢?"经过长期的研究，他发明出了尼龙搭扣。

众所周知，国际市场上蛇皮、鳄鱼皮制造的拎包、票夹、皮带等产品，一直以来都十分畅销。但是这些都属于奢侈品，不可能大量生产，而且普通老百姓消费不起。利用模仿创造技法，发明了表面镀饰新工艺，使产品酷似天然，美观而价廉。该项技术是先用塑料覆于真皮上印出天然纹理，制成"塑料模"；在其上喷银浆使其能导电；然后用适当的电镀液进行电铸，得到坚硬的"电铸模刀；在其上镀一层薄金，就成为压铸人造花纹的模具。

通过分析上述内容不难看出，仿生学不是纯生物科学，它是把研究生物作为向生物体索取技术设计蓝图的第一步。每当我们发现一种生物奥秘，就可能变为新的设计，就可能带来一种新的生活方式。所以，仿生学是一条新的发展科学技术、工业设计途径。其主要原理，如图5－4－1所示。当然，模拟、仿生不是原封不动地抄袭原型，而是以原型为楷模，通过创造性思维再造的、创新的二次甚至多次元的形态，反复思维以达到"异化"的程度（图5－4－2）。

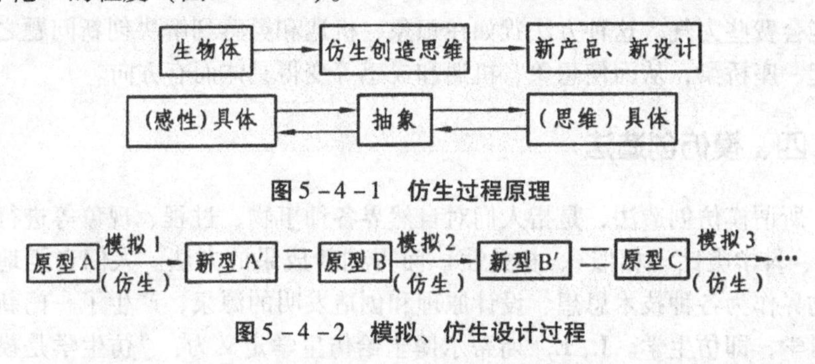

图5－4－1　仿生过程原理

图5－4－2　模拟、仿生设计过程

在产品外观设计时，仿生造型常采用直感象征手法和含蓄、隐喻的手法。前者是一种较直观的创造方法（图5－4－3）；后者则形态概念隐而不显，使人产生更多的联想而耐人寻味（图5－4－4）。

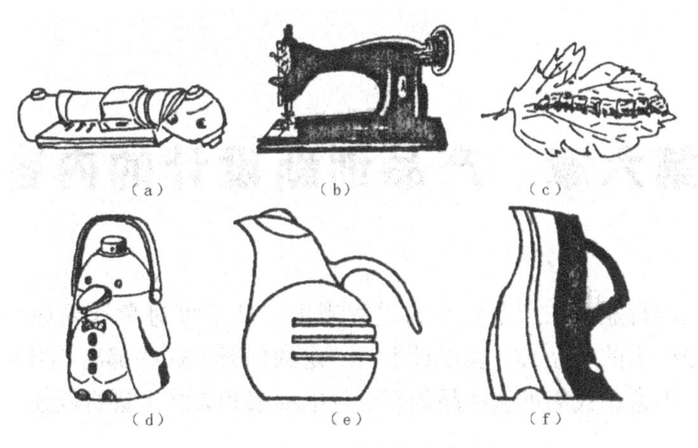

图5-4-3　产品设计中的直感象征手法

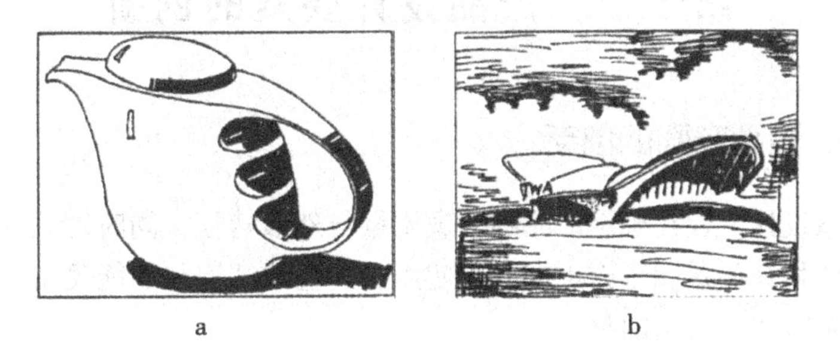

图5-4-4　产品设计中的含蓄、隐喻手法

图5-4-4（a）是L. 柯拉尼设计的“奥拍”型茶具，是以“卵”为原型，经倾斜、平底、凹腹等一系列造型艺术处理，成为模拟设计的优秀范例。图5-4-4（b）是埃洛·萨里宁设计的纽约TWA候机楼，可喻为展翅欲飞的大鹏，可比拟为从天而降的雄鹰，也象征飞机航班。

第六章　产品创新设计的内容

不同的行业，在产品生产的过程当中，都不可避免地要碰到设计方面，而吸引人的产品必须在设计上有一定的创新，这些都离不开创新设计的内容。本章，我们就从产品创新设计的要素和方式上进行阐述。

第一节　产品设计要素的创新

一、造型方面的创新

造型设计，旨在确定产品的外观质量与外形特征，同时协调人—机环境之间的相互关系和考虑生产者和使用者利益的结构与功能关系，最终把这种关系转变为均衡的整体。

德国著名乌尔姆造型学院教师利特曾经说过：设计不总是把外形摆在优先位置，而是把与它有关的各个方面结合起来考虑，包括制造、适应手形，使用操作和感知，而且还要考虑经济、社会、文化效果。造型设计，旨在确定产品的外观质量与外形特征，同时协调人—机—环境之间的相互关系并考虑生产者和使用者利益的结构与功能关系，最终把这种关系转变为均衡的整体。荷兰设计师 Frank Tjepkema 为 Droog 设计的作品，用签名做成的花瓶，利用字母的拼写，完成插花功能，如图 6－1－1 所示。

图 6－1－1　“签名”造型花瓶

以“太极”为设计元素的户外休闲座椅，色彩采用阴阳结合的深色与白色搭配，造型圆润，给人以舒适的感受，如图6－1－2所示。

图6－1－2　户外“太极”形状的休闲座椅

如今在技术差异化越来越小的情况下，为了吸引更多消费者，很多企业都把希望寄托在产品造型上的创新。产品造型给人以视觉感受，从而引发内心情感，因此，在造型设计满足独创性、合理性、经济性、审美性的同时，消费者的情感需求也成为设计的重点。意大利设计师马西姆·约萨·吉尼（Massimo Iosa Ghini）设计的“妈妈”扶手沙发外形朴实、敦厚，色彩温和，象征着妈妈的慈祥、宽容，给孩子温暖，为身心俱疲的现代人提供个恢复精力的避乱所，如图6－1－3所示。

图6－1－3　“妈妈”扶手沙发

注重使用者的情感化设计，已成为现代设计的趋势。趣味性调味瓶设计借用“和尚”的造型，并将造型简化，人物表情给以趣味化，用户在使用过程中会增添更多乐趣如图6－1－4所示。

图6－1－4　趣味调味瓶

二、色彩方面的创新

产品的色彩设计受到加工工艺、材料、产品功能、人机环境等因素的制约，所以在追求产品炫目效果的同时，要综合协调各项因素，进行科学合理的色彩设计。不同色彩的使用，可以创造产品不同的视觉效果。ECCO为高露洁设计的电动牙刷，通过不同的色彩搭配，增加视觉冲击力。例如，色彩不同的电动牙刷如图6－1－5所示。

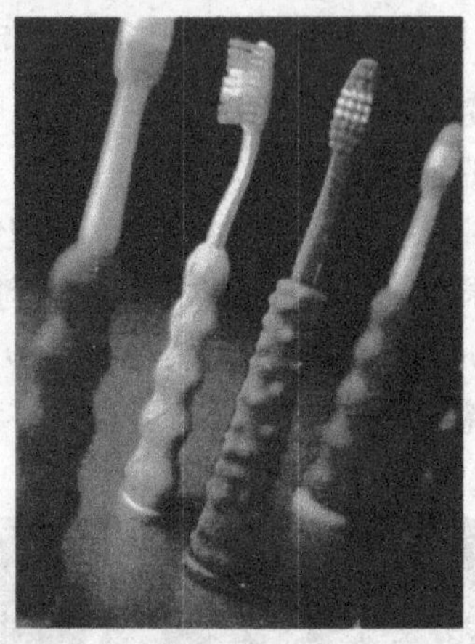

图6－1－5　不同色彩的电动牙刷

鲜艳的色彩搭配多见于儿童产品设计中，结合鲜明的卡通形象，激发儿童的使用兴趣，如图6－1－6所示。

图6－1－6　卡通元素包装盒

传统文化元素运用于产品设计时，色彩搭配多取决于文化元素的色彩，很少进行较大的色彩改动，从而更好地体现文化特色，如图6－1－7所示。

图6－1－7　文化元素包装盒

三、材质方面的创新

不同的材料会带给人视觉上完全不同的感受——光滑的材料有流畅之美，粗糙的材料有古朴之貌，柔软的材料有肌肤之感。在实际进行产品设计时，产品材质也是我们设计的大要点。

华硕竹子笔记本的外观采用了竹子材料外壳，华硕称这是真正环保绿色的产品，便于回收处理。华硕称竹子笔记本的公布对于华硕和 IT 产品都具有里程碑式的意义，这标志着绿色技术不再仅限于概念中，已可在实际中得到运用，并可实现量产。这也是华硕支持绿色科技的有力体现，也是“现代科技可与地球环保达到平衡”的体现，如图 6－1－8 所示。

图 6－1－8　华硕竹子笔记本

四、结构方面的创新

结构对产品的整体效果影响很大，对于相同材料的产品，采用不同的结构，由于加工成型工艺的不同，其成本及使用方式都会带来很大的差异。“创新”是设计的重要环节，结构的创新能够绘使用者带来不同的使用体验，也可以为生产厂家节约成本，获得更高的经济利润。

图中厨具的设计灵感来自中国的家具结构“榫卯”，厨架和把手之间通过一种凹凸的正负关系，加上重力的作用，自然地卯合在一起。衔接部分相互约束，却又自由灵活。把手的末端的粗细变化，以暗示拿放厨具时把手提起的高度，如图 6－1－9 所示。

图 6－1－9“榫卯”结构厨具

五、局部方面的创新

产品缺乏细节是大多数学生作品的通病，比如效果展示中常常出现的塑料件缺少分模线，材质表现不清晰，不同材质之间的连接看不到美观缝隙，零部件没有表现等。产品局部细节的设计与设计者的经验有种密不可分的关系，这需要对大量设计作品浏览的日常积累，以及对优秀作品的仔细观察和体会。一件作品的成功往往取决于细节，也就是俗话说的“细节决定设计的成败”，如细节中体现不同的使用方式，不同的审美观、不同的心理感受等，局部的创新正是“以人为本”设计理念的表现。如图 6－1－10所示中的设计是对一种电子仪器的造型设计，其不同材质的表现非常透彻，材质间的分模线刻画明显，按钮也表达得淋漓尽致，连接口也都表达得非常清晰，是件优秀的设计佳作。

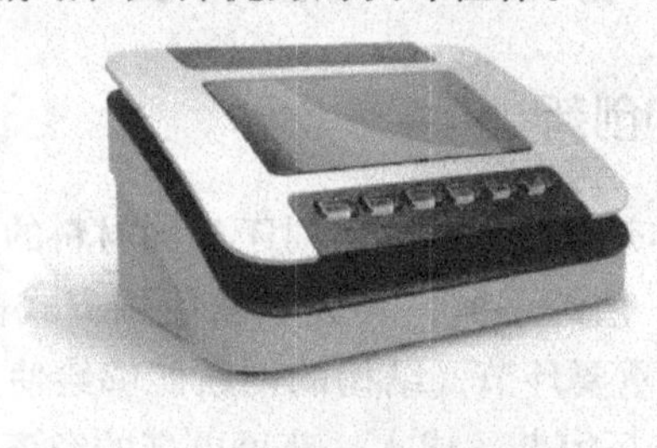
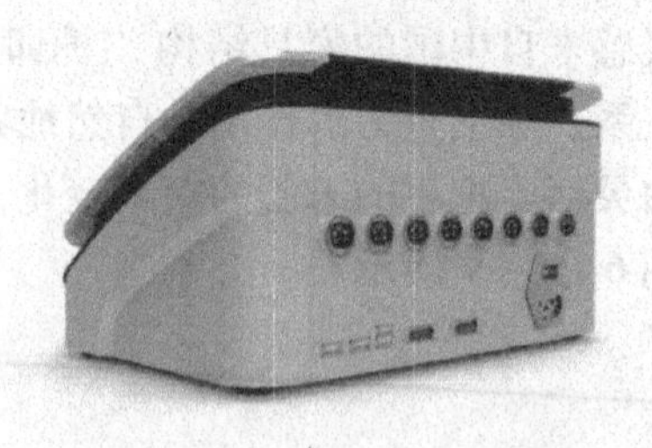

图 6－1－10　电子产品效果图

第二节　产品设计方式的创新

一、基于生活质量的创新

“明天会更好”，这是被许多人认同和激发人们为之奋斗的俗语。人们对新生活的企盼，从这句富有哲理性的俗语中也充分地体现出来了。明天的饮食是什么样的？电冰箱是什么样的？洗衣机的操作方式如何，汽车的能源有什么变化？从种种对明天事物变化的疑问中都隐藏着极大的愿望。在人们的现实心理中，明天的生活是今天现实性的延伸，这种延伸要靠今天的实质性开拓去实现。

当今，人类生活以一定质量体现其生存意义，但生活质量如果老停留在一个水平线上就显得暗淡无光。因此，只有不断提高生活质量和不断转换生活形态，才能从新生活的开创中充分体现出现代的人生价值。就社会绝大多数人的生活水准来说，人生价值是随社会整体生产力的发展而渐次提升的。例如按摩椅大大提升了人们的生活品质如图 6－2－1 所示。

图 6－2－1　按摩椅设计

二、基于新技术的创新

以新技术不断开创新产品，是用新技术的原理和特性勾画出产品的新型可靠性概念，具体概念如下。

（1）用智能技术勾画现代家庭办公系统的概念。

（2）用微电子技术开拓超薄型电视机的新概念。

（3）用不同增强复合材料开发现代家具的新概念。

（4）用节能、环保技术开发产品。

三、以高指标技术函数的产品创新

每件产品的技术指标都有一个时代界限的最高值，当这件产品处于最高值时，它的生命力就处于鼎盛时期。相反，当产品处于最低值的低谷时，它的生命力就几乎丧尽。这正是产品生命力周期的客观规律。根据这一规律，以更高指标的技术函数开发产品，是永葆产品旺盛生命力的有力措施。技术和文化都是梭形发展的。产品生命周期梭形图如图6－2－2所示。

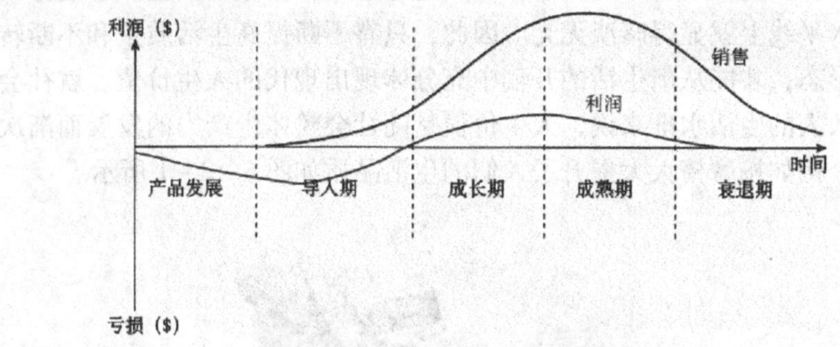

图6－2－2　产品生命周期梭形图

四、技术缝隙的产品创新

从技术缝隙中架构新产品，其是在同一技术属性中对其功能指数的延伸或加强，架构出新型性能特征的产品。其二是在不同功能的间隔或不同技术特性之中架构出新产品。

如成人与童车间产生专供中学生用的学生车，各单件家电与厨房橱柜架构一体化的多重组合型厨房家用电器，汉英电脑字典概念延伸汉语电脑词典，成人用手机与电话架构起儿童用呼叫器或儿童电话手表，等等。示例如图6－2－3和图6－2－4所示。

图6-2-3　学生校车

图6-2-4　儿童电话手表

五、基于人本性的产品创新

以人为本的设计理念正是基于人本性的产品开发，也是设计目标确定的重要思考方向。人本性泛指人类自身特性，这里所指的人本性，主要是基于产品构成的人类自身特性。人类自身特性的形成是由多方面因素决定的，其中既有内部的文化知识水平和结构、道德修养职业爱好、年龄、性别、经济条件、审美标准等，也有外部的家庭环境、工作环境、社会综合环境，等等。它们从多方面决定着人类自身特性的形成和发展。马斯洛将人类需求进行层次分析（图6-2-5），概括为以下几点。

图6-2-5　马斯洛的需求层次

(1) 生理需要，是个人生存的基本需要，如吃、喝、住处。

(2) 安全需要，包括心理上与物质上的安全保障，如不受盗窃和威胁，预防危险事故，职业有保障，有社会保险和退休基金等。

(3) 社交需要，人是社会的员，需要友谊和群体的归属感，人际交往需要彼此同情互助和赞许。

(4) 自尊需要，包括要求受到别人的尊重和自己具有内在的自尊心。

(5) 自我实现需要，指通过自己的努力，实现自己对生活的期望，从而对生活和工作真正感到很有意义。

ALESSI 产品的价格是同类商品的十倍乃至百倍，品牌成为工艺、美学与品位的代名词。其作品在设计中充分体现了创新与感性特征，赋予产品幽默趣味化，凸显产品的自我风格，从用户需求角度考虑，充分满足使用者在使用过程中的感性需求，如图 6－2－6 所示。

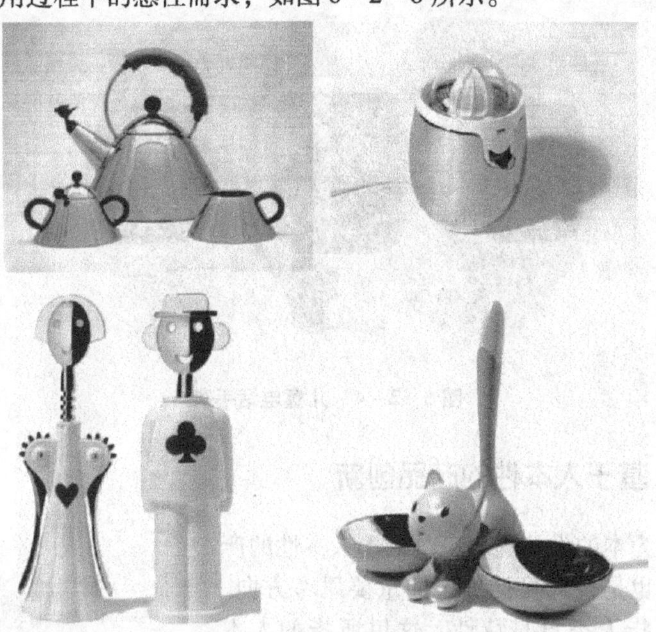

图 6－2－6　ALESSI 的产品

六、反叛基点上的产品创新

反叛基点是人本性规律的第二大特性，它是人类对现存物品逆反心理作用下油然产生的。人们对身边的物品构成，在一定的作用中往往会天性地产生出种种背离现实物品构成的思绪。面对身边的现实，人们在头脑中会出现“是否该这样”“如果那样该多好”“我认为应该如何、如何”，等等想法，其中很多都以背离现实物品构成为鲜明特征，示例如图 6 - 2 - 7 和图 6 - 2 - 8 所示。

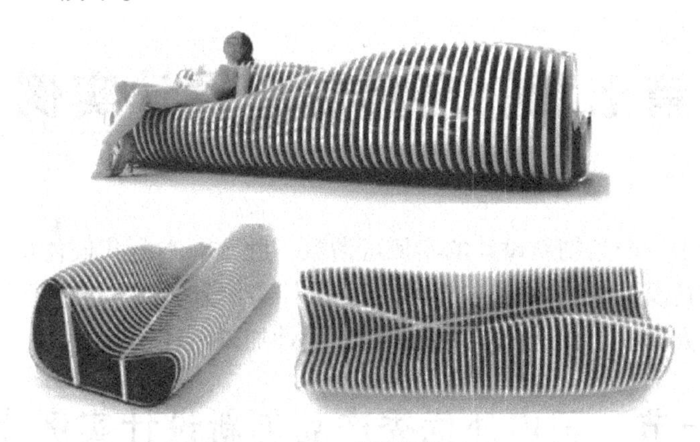

图 6 - 2 - 7　座椅设计（1）

图 6 - 2 - 8　座椅设计（2）

第七章　产品创新设计实例

生活中，产品创新设计的实例可谓数不胜数。本章我们便从国内外优秀产品创新设计实例分析、“改变型”设计实例分析和“重组型”设计实例分析三方面入手，进一步对产品创新设计加以阐述。

第一节　国内外优秀产品创新设计实例分析

随着社会的发展、科技的进步，国内外创新出来大量的优秀产品。而且，这些产品大都已融入到人类的生活中，为生活带来很大的方便。下面我们将从生活入手，对一些优秀的创新产品加以分析。

一、蝶恋花空气净化器设计

图 7－1－1 为一个空气净化器创意设计案例。通过分析该案例可知，此设计采用造型仿生手法，充分挖掘自然界中蝴蝶翅膀上的优美纹路进行线条的抽取和再塑造，以一种全新的设计造型呈现，设计简洁大方，造型小巧，适合放置在办公桌上，净化、清新空气。

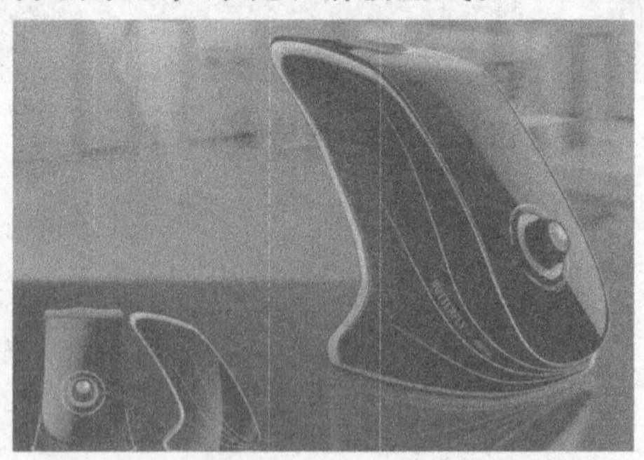

图 7－1－1　蝶恋花空气净化器

二、闹钟设计

图 7－1－2 为一个闹钟创意设计案例。通过分析该案例可知，此闹钟

设计上完全打破了传统闹钟的显示形式，以光斑移动方式进行时间显示，在设计上是一种全新的创新。另外，造型上采用水滴倒置的造型设计，仿生应用非常合理，整体造型简约时尚，色彩搭配合理，是一个非常成功的设计创新。

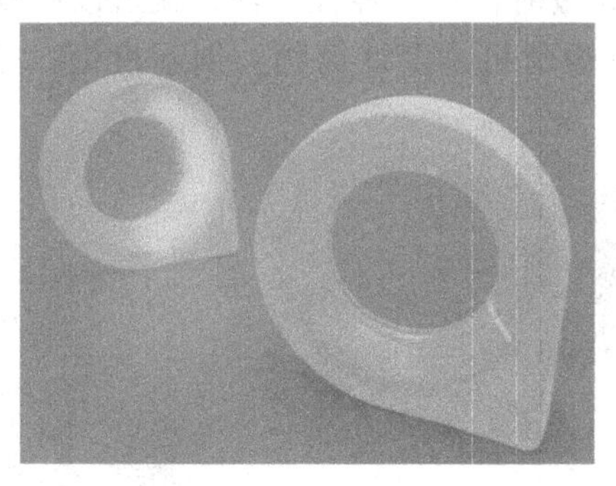

图 7－1－2　闹钟设计

三、户外防水插头设计

图 7－1－3 为一个户外防水插头设计案例。通过分析该案例可知，户外防水插头不同于普通的家用插座，在商业汇演和商业宣传等方面经常使用，设计师以警示色为主打色。外形较为硬朗，在结合处加了橡胶环，外形制作封闭防水，以透明和不透明的设计方式，让用户操作方便、安心，整体尺寸符合人机工学，手握非常舒服。

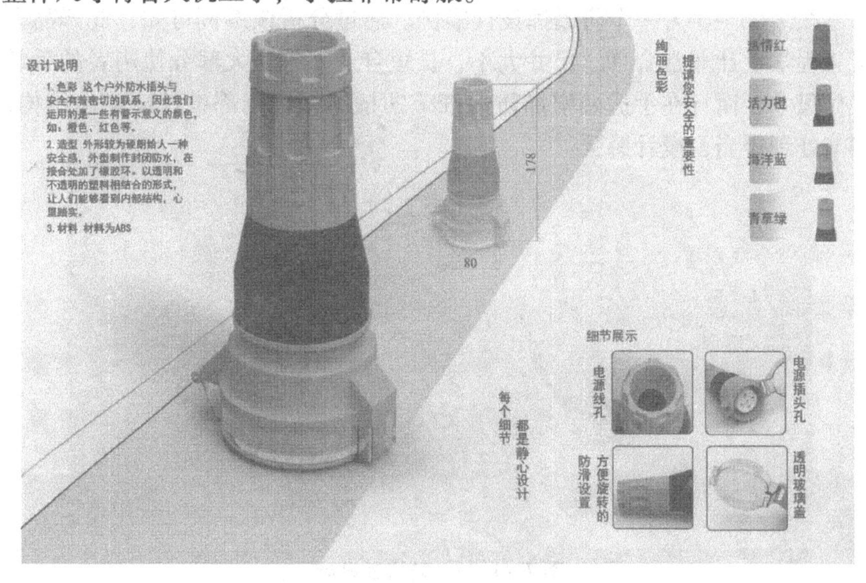

图 7－1－3　户外防水插头设计

四、垃圾桶创意设计

图7-1-4为一个垃圾桶创意设计案例。通过分析该案例，我们不难看出，它用户在丢垃圾时，只要轻轻一拽，就可以用胶带将塑料袋封死。其原理来源于超市塑封机，设计简约，创新度高，是一个非常不错的设计。

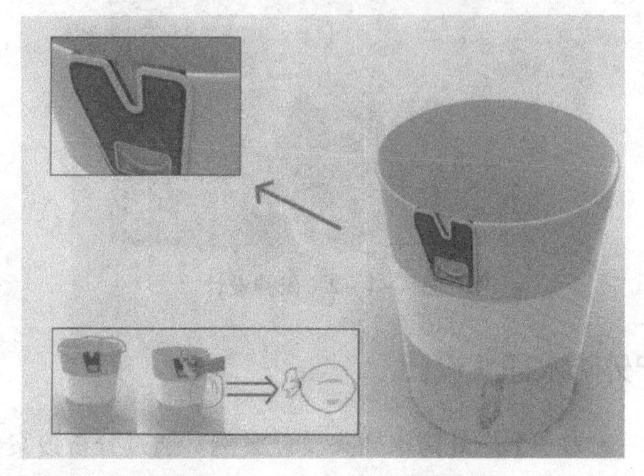

图7-1-4　垃圾桶创意设计

五、防爆锤设计

图7-1-5为一个防爆锤设计案例。通过分析该案例可知，此产品人机工程学设计非常合理，尺寸大小、长短合适，符合大部分使用者的手掌操作尺寸，而且在手握处增加防滑细节凹槽结构，尾部设计挂靠勾结构，细节处理得当，设计感强。

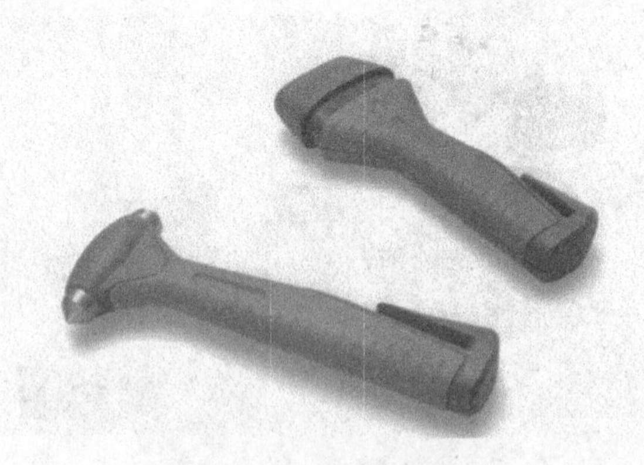

图7-1-5　防爆锤设计

六、母子救生圈设计

图7－1－6为一个母子救生圈设计案例。由于现有救生圈往往比较单一，一般只能一人使用。而这款设计，很好地考虑了带婴儿妈妈在落水时的情况，既能自救还能很好地保护自己的孩子，设计上符合消费者的特殊使用需求。

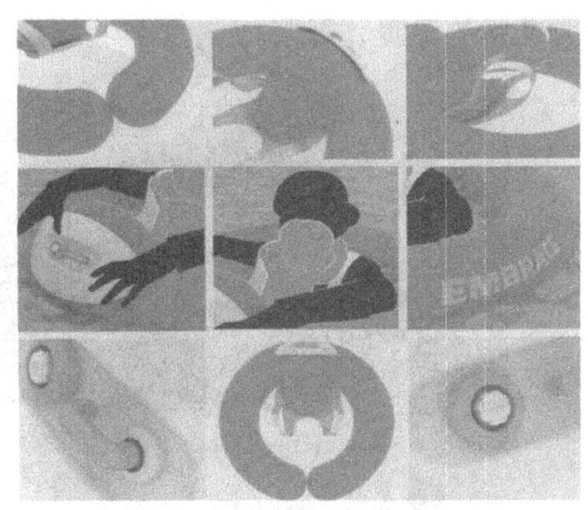

图7－1－6　母子救生圈设计

七、向日葵太阳能充电器设计

图7－1－7为Emami Design设计的一款像向日葵太阳能充电器，它不同于一般的太阳能充电器，它底座下方设有USB接口，可以为各种型号的手机完成充电。而且，它的头部带有枢纽，花瓣是由四块太阳能板组成的，可以转向任意方向，无论太阳怎么变换位置，它都可以迎面配合来“吸收能量”，像朵花似的，无论摆放在房间哪里都很好看。

图7－1－7　向日葵太阳能充电器设计

八、加热片创意设计

图 7－1－8 为加热片创意设计，为了让用户能够在寒冷的冬天得到足够的温暖，设计师设计了这个三联体加热片。它是由四片可以发热的电热板组成的。独特的插接方式，使得它的造型格外得时尚，就好像是一个精致的艺术品。它可以为周围很大的空间提供温暖，将它放在你的书桌上或者办公桌上，会感觉非常的温暖、舒服。

图 7－1－8　加热片创意设计

九、可折叠的运输箱设计

Bellows Bottle 是一款可折叠的运输箱，设计灵感来源于折纸或手风琴结构，主要用于运输液体。手风琴式的箱体结构让它可以充分展开，装入更多的液体；倒出时往下压箱体，让液体从连接的管口溢出即可。闲置时它占地很小，便于收纳整理。可折叠的运输箱如图 7－1－9 所示。

图7-1-9　可折叠的运输箱设计

十、高效捡网球的机器人设计

这款名为 Tennis Ball Boy 的机械可以高效拾取很多散落在地面的网球。设计师从真空吸尘器中获得灵感，并结合了超细纤维材料，就像魔术贴一样可以将网球粘起来。Tennis Ball Boy 内置了太阳能电池板，可以为用户提供更加清洁便利的使用方式。它的使用非常简单，只要在地上走一圈，就可以将网球收集在中间的存放仓内，有了这款机器人，我们就可以更加开心地打网球了。高效捡网球的机器人如图7-1-10所示。

图7-1-10　高效捡网球的机器人设计

十一、砧板刀架设计

设计师 Jowan Baransi 将插刀架和砧板结合，为我们带来耳目一新的厨房砧板设计。这款刀架采用木质作为整体材质，前部为平整的砧板，后部的隆起则设计为刀架，方便用户使用。波浪刀架将直线和波浪很好地结合在一起，有很好的装饰效果，插刀架和砧板的整合设计也提供了高效的使用率，如图 7－1－11 所示。

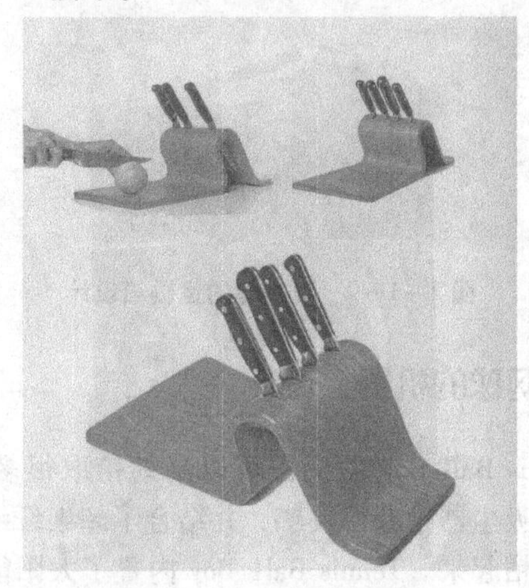

图 7－1－11　砧板刀架设计

十二、可折叠滑板自行车设计

图 7－1－12 为可折叠滑板自行车设计。该设计简约时尚，没有过多繁杂的设计细节，折叠后提取方便，而且也不会太重，整体设计符合简约时尚的现代心理需求。

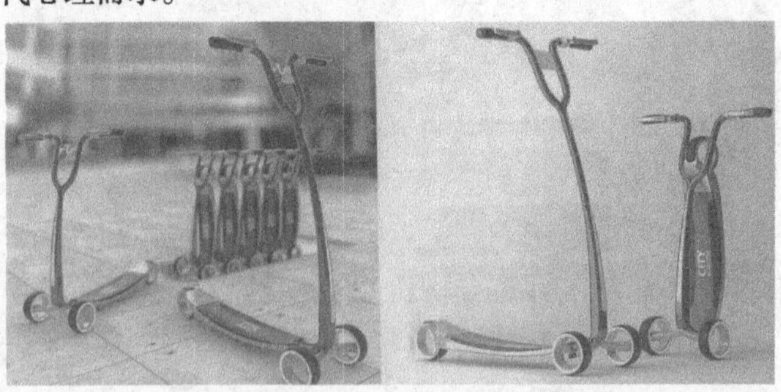

图 7－1－12　可折叠滑板自行车设计

十三、可视化除菌水龙头

此设计突破传统水龙头造型和功能形式，融合花洒的设计造型和结构，加上高科技紫外杀菌功能，每次洗手的时候只需要把手放在水龙头下方一分钟便可达到除菌的效果，而且可以看到手上细菌的密集程度。整个设计造型美观大方，细节设计完善，是一个经典的设计案例，如图7－1－13和图7－1－14所示。

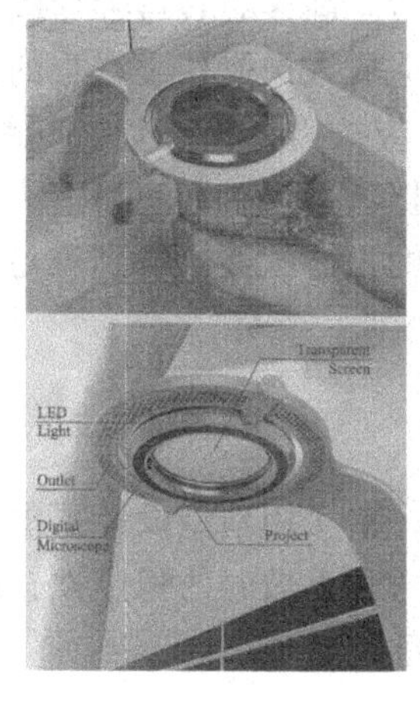

图7－1－13

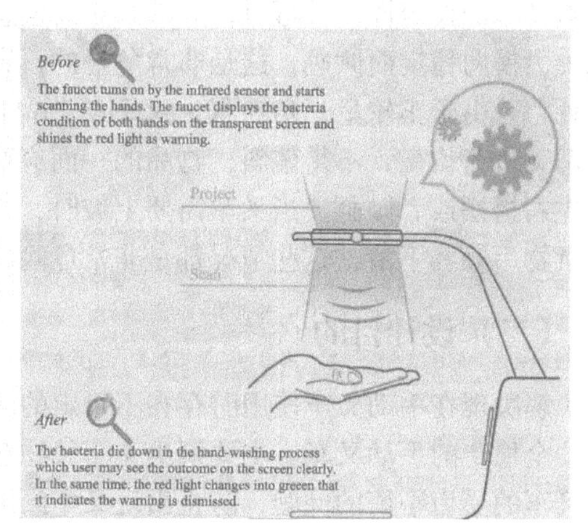

图7－1－14

第二节　“改变型”设计实例分析

“改变型”设计实例在人类生活中也很常见，下面就以手动叉车稳定性改良设计、稍挂拉手设计以及多人使用救生圈设计为实例进行分析。

一、手动叉车稳定性改良设计

手动叉车是一种高起升装卸和短距离运输两用车，是物料搬运不可缺少的辅助工具，托盘搬运最轻便，最主要的是任何人均可操作。下面对其详细介绍。

（一）设计现状

用手可方便地操纵起升、下降和行走控制杆，托盘车使用起来轻便、安全、舒服。由于不产生火花和电磁场。特别适用于汽车装卸及车间、仓库、码头、车站、货场等地的易燃、易爆和禁火物品的装卸运输。该产品具有升降平衡、转动灵活、操作方便等特点。舵柄的造型适宜，带有塑料手柄夹，使用起来特别舒服。操作者的手由坚固的保护器保护。坚固的起升系统，能满足大多数的起升要求，车轮运转灵活，并装有密封轴承，前后轮均由耐磨尼龙做成。总而言之，它具有重量轻，容易操作；使用机电一体化液压站；高强度钢铁货叉结构，可靠，耐用；价格低，经济实用的优点。

此外，载物行驶时，如货物重心太高，还会增加叉车总体重心高度，影响叉车的稳定性；转弯时，必须禁止高速急转弯。高速急转弯会导致车辆失去横向稳定而倾翻，这是非常危险的，容易造成人员受伤，严重的甚至死亡。由于车轮呈三角布局，叉车载物品时，应按需调整两货叉间距，使两叉负荷均衡，不得偏斜，物品的一面应贴靠挡物架，否则容易造成货物左右摇摆或者倾翻。当叉车需要上坡时，货物的重心太高，特别容易发生货物后倾和下滑，这些情况都是非常危险的。

（二）设计目的

解决现在手动叉车使用时存在不稳定的问题，本实用新型设计提供一个安全稳定的手动叉车。主要解决叉车载物在转弯和上坡时的稳定性，以及叉车的受力平衡的问题，防止出现叉车倾倒的危险。

（三）产品构思

通过增加支撑点和调整支撑位置来增加支撑面积，使手叉车更加稳定。其特征在如下。

（1）加高的货物靠板两侧分别增加了一个支撑轮杆机构，轮子均为万向轮。实现四点支撑，可防止载货叉车在转弯的时候，因惯性倾倒，同时可有效防止因货物重量左右分布不均匀造成的侧向倾倒，同时支撑面向后延伸，叉车在载有重心较高的货物时，可以在有坡度的地面和坡道上安全使用，而不至于向后倾倒对使用者造成伤害。

（2）轮杆机构与靠板为轴连接，需要的时候可以放下，并且用加强支撑杆固定，不需要的时候将轮杆机构收起，亦可将轮杆机构整体拆卸下来。这时的叉车与普通叉车使用方法没有区别。

（3）实现轮杆的固定支撑，先将轮杆放下，再将加强支撑杆放下，使加强杆上的凹槽与轮杆上的突起结构配合，使轮杆、加强支撑杆、靠板三者之间形成稳定的三角支撑结构。

（4）轮杆上的突起结构是可90度旋转的，当整体机构有足够的间隙，可以收起和放下。

（5）轮杆收起，将轮杆和支撑杆向上收起，在靠板上有支撑杆放置的凹槽，支撑杆和轮杆到位后，旋转限位旋钮，完成收起。

其创意设计如图 7 – 2 – 1 至图 7 – 2 – 3 所示。

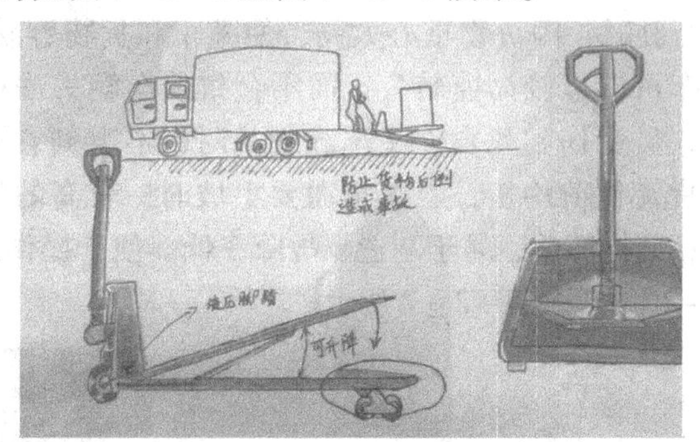

图 7 – 2 – 1　创意方案一

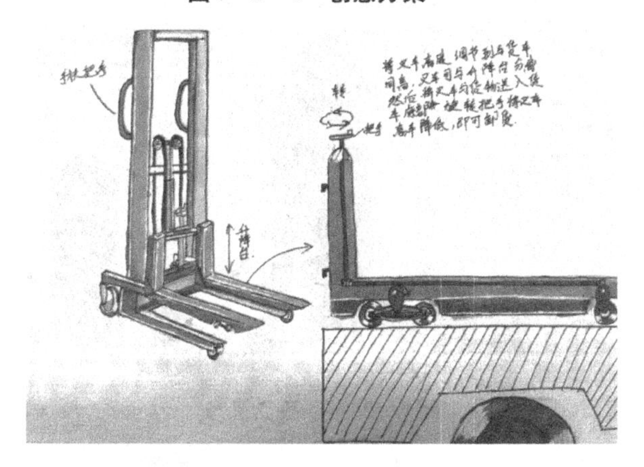

图 7 – 2 – 2　创意设计二

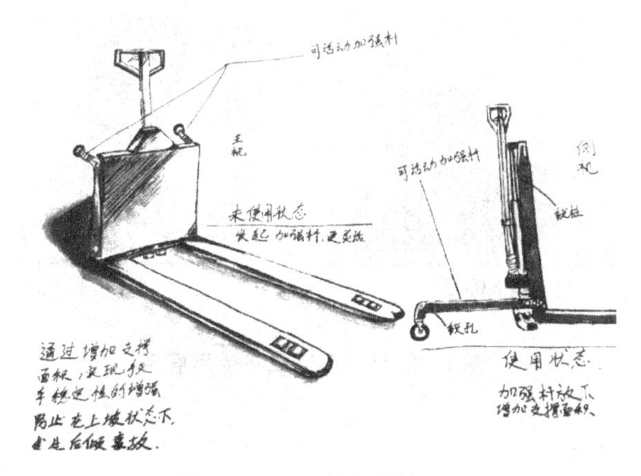

图 7 – 2 – 3　创意设计三

（四）产品设计内容

本设计相比普通叉车采用可变的5点支撑方式，使叉车更加稳定，解决了叉车载物行驶时，因货物重心太高，使叉车和货物容易倾覆的问题。本实用新型叉车可以以较高速转弯，而不会致使车辆失去横向稳定而倾翻，避免造成人员受伤和死亡；叉车载物品时，不需刻意调整两货叉间距，不需要两货叉负荷均衡，当叉车需要上坡时，较高的货物也不会后倾，稳定安全；结构简单、易于制造、故障率低、便于操作。最终设计效果展示如图7－2－4至图7－2－7所示。

图7－2－4　手动叉车

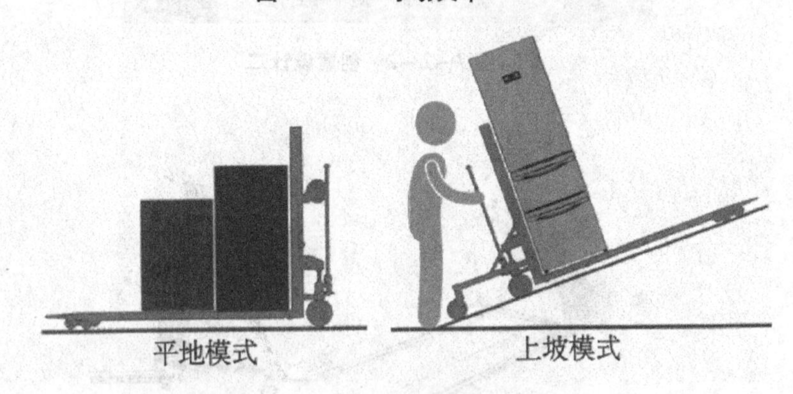

图7－2－5　手动叉车使用展示

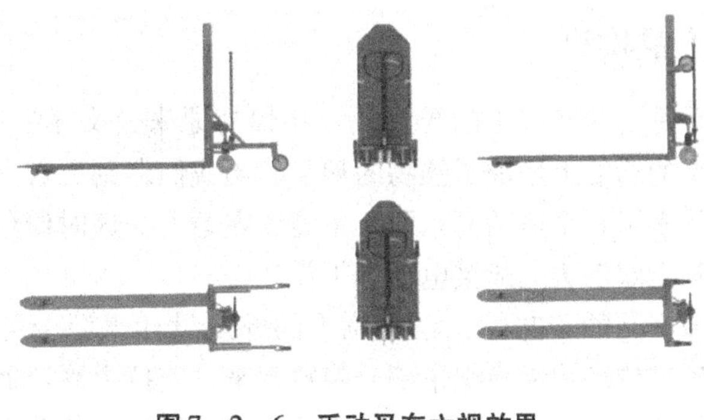

图7-2-6　手动叉车六视效果

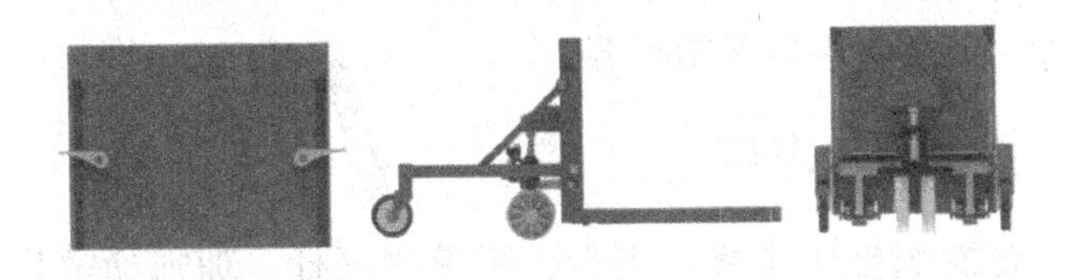

图7-2-7　手动叉车细节效果

二、稍挂拉手设计

公交车拉手是公交车内重要的组成，是为上车后没有座位的乘客准备的。实用美观的拉手，不仅可以优化乘客的乘坐体验、保护乘客的人身安全，而且可以吸引更多的乘客。显然目前市场上鲜有做到这两者兼得的拉手。

（一）研究现状

目前市场最常见的公交车拉手设计，为最求有限的经济利益在拉手上设计了广告位。虽然带来了经济利益，但不考虑乘客感觉的广告设计，极大地降低了拉手的美观。常见公交车拉手的力求简洁造型，功能基本满足了乘客支撑身体，保护自己人身安全的使用需求，但色彩上和公交车上的杆子相同容易产生视觉疲劳。材料基本上以塑料为主材料，各个部位的连接以金属螺丝为主。为增加拉手的使用寿命，绝大部分的拉手设计都把固定部位和拉环分离再通过高强度的尼龙织带连接。

（二）研究目的

针对市场现有产品的一些缺憾，设计一款同时满足人们心理功能与实用功能的公交车拉手。

（三）产品构思

稍挂拉手是公交车拉手的再设计。在保持原来公交车拉手支持身体，保护人身安全的功能上增加了挂物的功能。当我们遇到提着东西站在公交车上时，突然来了一个电话而东西又不能放在地上，这时候可以把袋子挂在拉手上，腾出双手去完成接电话等工作。

为了增加产品的趣味性，稍挂拉手的外观设计来源于可爱的光头小人。设计时延长拉环边缘将织带部分隐藏起来，使拉手固定器和拉手在视觉上是一个整体。巧妙地运用小人的形象，精简造型。如此可爱的形象运用在人人堤防的公交车上面，给冰冷的公交车增加一丝温暖。稍挂拉手造型的独特性，能够吸引更多的乘客。

（四）产品设计内容

拉手主要有织带固定槽、织带、织带固定杆、加强筋结构和螺丝孔组成。

稍挂拉手主要以 PC（聚碳酸酯）为主，另外使用尼龙织带和金属螺丝。PC 塑料具有优异的耐疲劳和尺寸稳定性，能够满足公交车不断摇晃颠簸的使用环境。色彩上使用了红色蓝色搭配黑色，这样能被大多数人接受。

稍挂拉手的长为 127mm、高为 27Omm。为了保证乘客在使用时的舒适性在拉手和人手直接接触的地方设计了符合人机工程学的弧度。设计效果图如图 7－2－8 和图 7－2－9 所示。

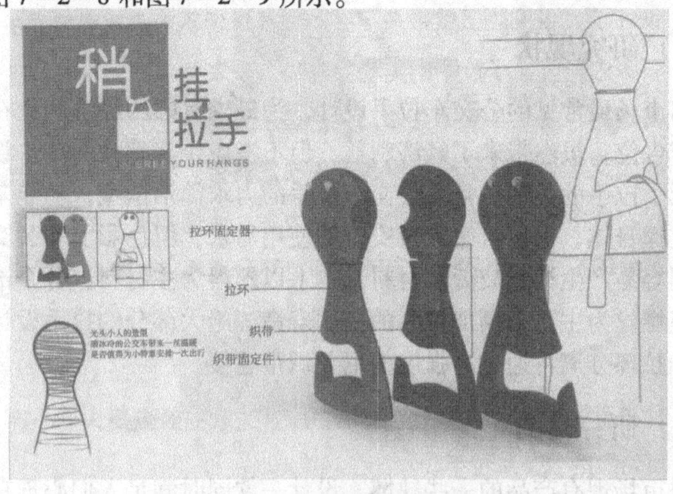

图 7－2－8　稍挂拉手设计效果图展示（一）

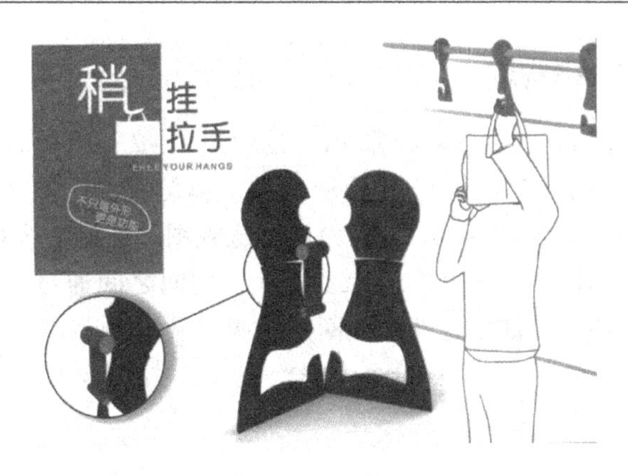

图 7-2-9　稍挂拉手设计效果图展示（二）

三、多人使用救生圈设计

现如今救生圈通常由软木、泡沫塑料或其他比重较小的轻型材料制成，外面包上帆布、塑料等，采用圈体一次整体成型工艺制造或者采用圈体外壳整体成型、内部填充材料的工艺制造。

（一）研究现状

目前救生圈的材料以及制造工艺都是比较合理的，但由于这些工艺及材料制造出来的救生圈价格较高，一般配备较少，并不能供应到每个人的需求，而溺水者往往会有多个，或因个人自私将救生圈据为己有，导致有人没有救生圈。或因救生圈距离溺水者过远，而溺水者并没有更多的力气去抓住救生圈从而导致溺水事故。

（二）研究目的

本实用新型发明解决了现有技术救援范围不够大一以及从另一方面解决救生圈供应不足的问题。扩大的救生圈概念从传统的救生圈加以改良，它扩展的功能使得救援更加的容易和快捷。一方面，当有多个人溺水的时候，你的周围不一定有足够数量的救生圈，因此溺水者会因对求生的强烈欲望而争夺救生圈，导致更加严重的事故发生。这个可以扩大的救生圈可以供多个人同时拉住救生圈，因此大大减少了此类事故的发生。而另一方面，通常当一个救生圈被扔出去帮助那些溺水人的时候，不是一定恰好地扔到他的边上，溺水者还需要更多的努力才能抓住救生圈，尤其是当它降落在远一些距离的时候，往往有些时候是因为溺水者没有更多的力气来抓住救生圈而失去生命，这个救生圈对溺水者来说就是生命的延续。

（三）产品构思

产品构思图如图7-2-10所示，其中图7-2-10（a）为救生圈主圈体顶视图，图7-2-10（b）为救生圈主体侧视图，图7-2-10（c）为把手顶视图，图7-2-10（d）为把手侧视图。结构1为把手卡槽，用来插入把手，结构2、结构3均为系绳孔，它们之间通过细绳索相连接，结构4为弹性把手，能更好地卡在圈体结构1卡槽里。

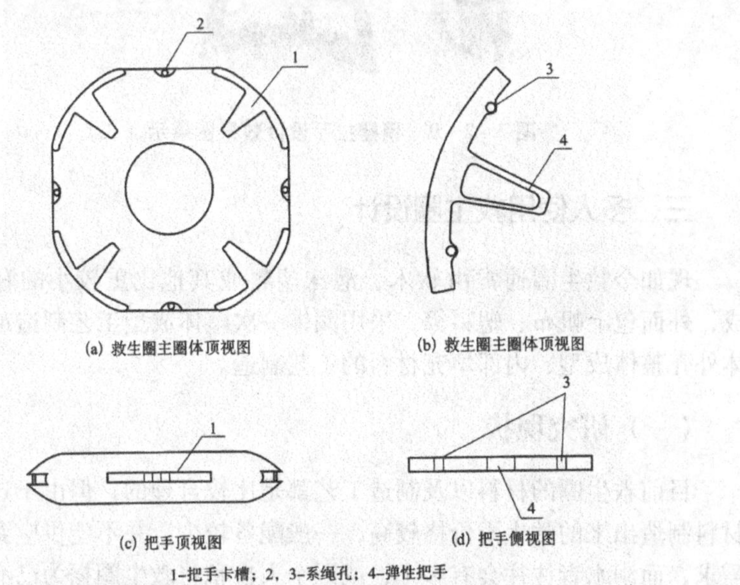

图7-2-10　多人使用救生圈产品结构图

其具体实施方法如下。

（1）在本装置放置不使用时，四个把手主要通过结构4会恰当地卡在圈体结构1内，每个把手还有两条绳索，绳索将圈体结构2和把手结构3连接起来，不使用时，可以将整个装置放置在河边、湖边、船等支架上(放普通救生圈的支架)。

（2）当出现溺水者时，搜救人员需要用力将此装置往溺水者方向掷出。当本装置用力掷出时，圈体上的4个把手会因受到离心力的作用下，向4个方向散开，但又由于绳索的存在，会形成一个扩大范围的“救生圈”。当溺水者伸手抓住救生圈四个把手的时候，岸上的搜救人员可以通过拉动系在救生圈上的绳索，而把手又会因为系在救生圈圈体上的绳索而被拉上岸，实现救援。

（四）产品设计内容

本发明结构简单，只由救生圈圈体、绳索，以及把手构成，主体采用圈体一次整体成型工艺制造，操作简单，只要搜救人员用力掷出即可，发明简单，救生能力却强大。设计效果图如图7－2－11至图7－2－13所示。

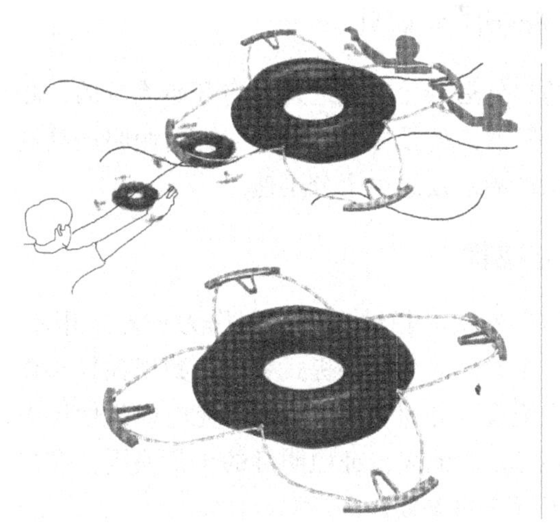

图7－2－11　多人使用救生圈设计效果展示图一

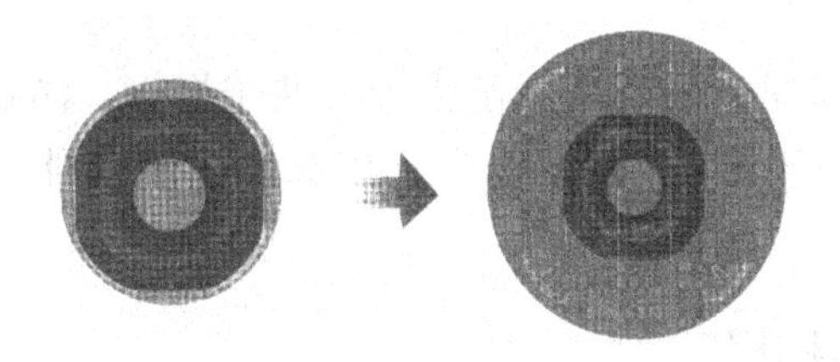

图7－2－12　多人使用救生圈设计效果展示图二

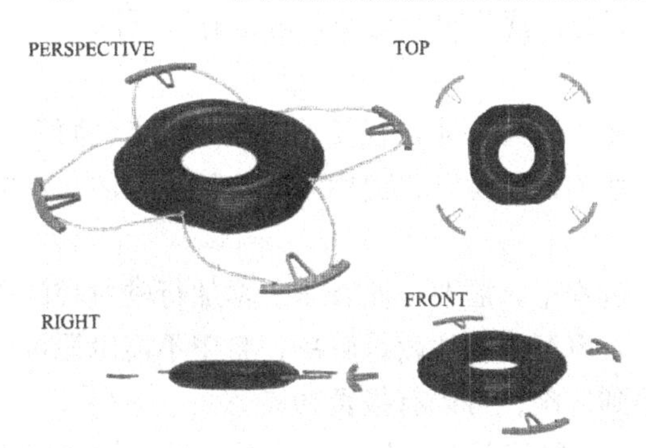

图7－2－13　多人使用救生圈设计效果展示图三

第三节 “重组型”设计实例分析

“重组型”设计实例在生活中的应用异常广泛，这里我们主要对野营照明产品设计、沼泽自救衣设计以及转盘式调味盒设计加以分析。

一、野营照明产品设计

尽管我国的户外运动是在最近几年内开始流行的，相比国外发达国家起步较晚，但是随着户外爱好者的增加，野营照明产品这一市场正在迅速崛起，野营照明产品的发展也十分迅速。

（一）研究现状

不同种类的户外用品相继出现，而作为户外运用不可缺少的照明设备，更是品种繁多，从以往的手提式手电，到现在的头戴式照明灯、挂式照明灯等，但是绝大部分照明设备都采用充电或是使用电池，如果需要长久使用，就需要备足电池来保证照明灯的正常使用，在户外野营时多了几分不便，增加了行李的重量。

（二）研究目的

在设计一款满足不同消费者的需求，便于携带、满足基本的照明功能，并使其多功能化，整合一些户外用品工具等功能，减少野营时的行李。

（三）产品构思

在不同环境下的野营照明产品的要求也有所不同，以下列举一些可能遇到的情况。

（1）如有时使用者需要非常轻便的，便于携带的野营照明产品。

（2）在非常恶劣的环境下，使用者需要抗风，防水性能较强的野营照明产品。

（3）在野营过程中，需要一些音乐，增加行驶过程的乐趣。

（4）在户外，电源问题比较难解决，希望不需电源可以获得电能。

（5）万一遇到危险，可以有报警功能。

因此，在现有的野营照明用品上，进行一种可持续使用的改良，使得照明灯在长时间使用时更方便，不需要烦琐地更换电池，让人们在进行不同的户外运动时，都能体验到这种新型照明用品的便利。

针对以上情况，在设计中将解决以下问题：为了长时间使用照明产品，而不需烦琐地更换电池，就需要在照明设备的结构上进行改装，比如增加一块太阳能电池板，或者安装一个小型的手摇式发电机，这些都可以保证照明产品的持久性使用。

户外运用时，随身可带的装备十分有限，所以在设计这款照明用品时，选择的材质应偏向于质量轻、结实、防水等特点。

（四）产品设计内容

产品储电设计上采用手摇式 LED 微型直流发电机，通过旋转两侧的旋钮，对其进行充电，使得其他电子设备在户外使用时间增长。无须购买电池、节能环保，更在野外救生方面起着更大的作用，比如在山中迷路被困，以往的照明设备会随着时间增长而失去作用，而本课题所改良的新产品则不存在这一问题。新产品还增加了 MP3 功能，可以减轻随身所带的行李重量，更便于在户外运用。野营照明产品设计效果图，如图 7－3－1 所示。

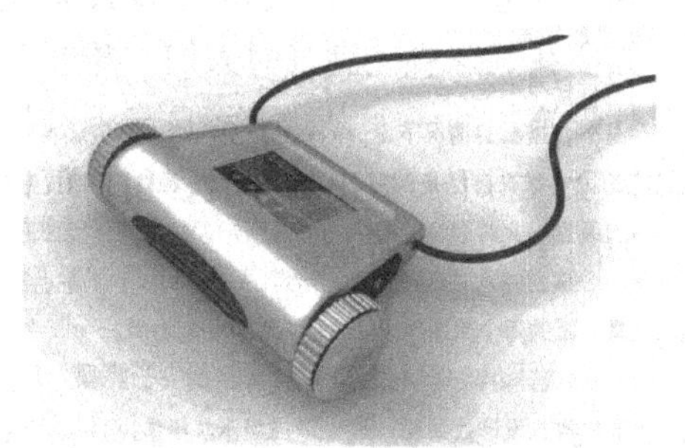

图 7－3－1　野营照明产品设计效果图

二、沼泽自救衣设计

（一）研究现状

野外旅游、探险是一类人的爱好，但是毕竟是探险，遇到危险也是在所难免的，像毒蛇、流沙、沼泽，等等。然而现有自救产品大多停留于水淹自救，针对沼泽类自救产品仍待进一步研发。

（二）研究目的

本设计的目的在于提供一种救生衣，适用于沼泽救生，可由受害人自行完成操作，并进行救助。

（三）产品构思

产品是针对沼泽这块的。沼泽自救衣是在探险者在深陷沼泽时无法将自身下肢拔出的情况下设计的。该产品是由一件气球衣和一个气囊组成的。气球衣自然是两层的，在气球衣上面有4条橡皮带，还有一个充气装置，充气装置上有一个开关按钮，该按钮是显凹形，防止平时不小心按到，其上还有一个指示灯，气球衣和气囊通过金属栓连接。气囊上面的两个凹槽是用来给使用者一个抓力的。

（四）产品设计内容

沼泽自救衣的操作：当身陷沼泽时，打开“充气装置”按钮，装置便给气球衣和气囊充气（气囊处于充气装置内部，在充气时会射出装置），由于金属栓的原因，气球衣和气囊是不会分开的。当达到一定压力时，充气装置会自动停止充气（原理类似于安全气囊）。充完气体后通过对金属栓的操作，使气球衣和气囊分离。此时气囊应该反过来使用，因为气囊的另一边是凹进去的，方便在气球衣充满气时人们“雄壮”的身躯使用。用户抓住气囊，通过对气囊施加的一个力，来将自身下肢拔出。自然气球衣只是减缓身体下陷的速度。当下肢拔出沼泽时，用户可以匍匐前进。沼泽自救衣设计效果图，如图7－3－2所示。

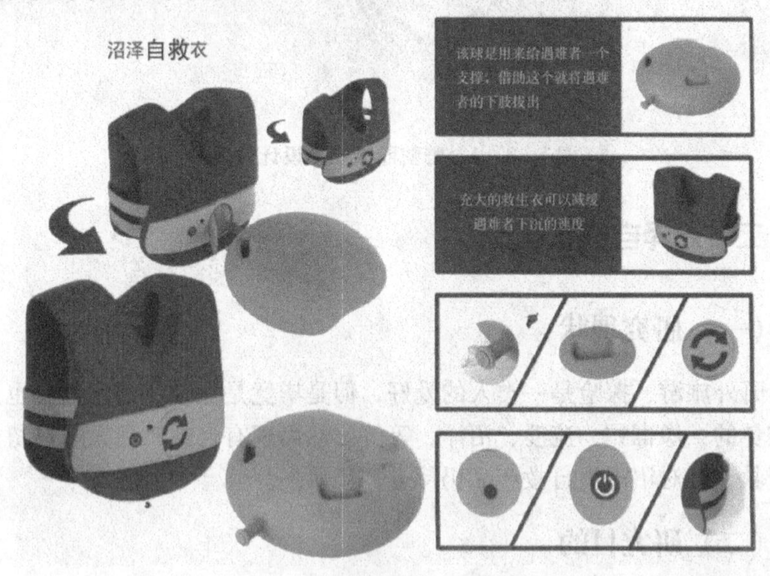

图7－3－2　沼泽自救衣设计效果图

充气装置说明：开关→点火装置→叠氮化钠与硝酸铵发生反应→气体充满自救衣（原理类似安全气囊）。

经过长期的分析与研究，我们对自救衣的相关内容做出了总结，主要归纳为以下三个方面。

（1）材料，尼龙以使抗拉强度得到增强。

（2）内部附有干粉，以防止在瞬间充气时，冲破衣服。

（3）内表面涂有橡胶，以防止气体揭穿。

三、转盘式调味盒设计

（一）研究现状

常用的调料盒，多为独立或连体的盒子或瓶子。使用多种调料时，需要分多次取出多个调味盒，使用十分麻烦。而存放时，需要放置在桌面上或柜子里，不能充分利用空间。

（二）研究目的

本设计的目的在于提供一种转盘式调味盒。采用转盘式结构，能够通过旋转选择多种调料，具有设计精巧，节省空间的作用。

（三）产品构思

本设计采用转盘式结构，既可以固定在墙壁上，也可以由底座支撑，放置在平台上。将调味盒支架的旋转轴固定，在各个调料盒内盛放好调料，利用挂钩悬挂在支架的连接轴上。使用时，用勺子从调料盒的开口处舀取调料。如需使用多种调料，旋转支架的盘片，调整每个调料盒到需要的位置，用勺子从调料盒的开口处舀取调料。本设计采用转盘式结构，能够通过旋转选择多种调料，具有设计精巧，节省空间的作用。

（四）产品设计内容

转盘式调味盒，包括调料盒和用于连接调料盒的支架，所述调料盒侧面设有用于装取调料的开口，顶面外设有用于悬挂在支架上的挂钩，所述支架包括连接轴、第一盘片和第二盘片，所述连接轴的一端连接第一盘片内侧，另一端连接第二盘片内侧，中间设有用于连接调料盒的挂钩的弧形凹槽，第一盘片中心和第二盘片中心设有圆形通孔，通孔内侧设有轴套；本设计用新型采用转盘式结构，能够通过旋转选择多种调料，具有设计精巧，节省空间的特点。调味盒设计效果如图7－3－3所示。

图7－3－3　调味盒设计效果

参考文献

[1] 刘岩. 基于创新性思维和人性化理念的产品设计研究 [D]. 沈阳：沈阳理工大学，2016.

[2] 迟筱雯. 基于组件单元的产品创新设计功能分析方法研究 [D]. 济南：济南大学，2016.

[3] 赵凌宇. 基于中国传统文化应用视角下的产品设计创新研究 [J]. 吉林省教育学院学报，2016 (07).

[4] 胡雨霞，李志英. 浅谈产品设计创新方法 [J]. 美术大观，2016 (06).

[5] 张娟娟. 基于设计思维理论的产品创新设计研究 [J]. 大众文艺，2016 (07).

[6] 马丽，何彩霞. 产品创新设计与实践 [M]. 北京：中国水利水电出版社，2015.

[7] 王敏. 西方工业设计史 [M]. 重庆：重庆大学出版社，2013.

[8] 盛希希. 产品设计模型制作与应用 [M]. 北京：北京大学出版社，2014.

[9] 周爱民. 工业设计模型制作 [M]. 北京：清华大学出版社，2012.

[10] 罗杰斯，米尔顿. 国际产品设计经典教程 [M]. 陈苏宁，译. 北京：中国青年出版社，2012.

[11] 赵军. 产品创新设计 [M]. 北京：电子工业出版社，2016.

[12] 张琲. 产品创新设计与思维 [M]. 北京：中国建筑工业出版社，2005.

[13] 高楠. 工业设计创新的方法与案例 [M]. 北京：化学工业出版社，2006.

[14] 丁满. 产品二维设计表现 [M]. 北京：北京理工大学出版社，2008.

[15] 曾富洪. 产品创新设计与开发 [M]. 成都：西南交通大学出版社，2009.

［16］陈汗青. 产品设计［M］. 武汉：华中科技大学出版社，2005.

［17］俞文钊，刘建荣. 创新与创造力：开发与培育［M］. 大连：东北财经大学出版社，2008.

［18］赵得成，柴英杰，等. 工业设计基本原理与方法——从产品设计思维到原理和方法［M］. 重庆：西南师范大学出版社，2015.

［19］赵卫东. 工业产品设计［M］. 上海：同济大学出版社，2012.

［20］郭威，鲁红雷，等. 产品设计构思草图与设计表达［M］. 武汉：湖北美术出版社，2016.

［21］李亦文. 产品设计原理［M］. 北京：化学工业出版社，2011.

［22］贺松林，姜勇，等. 产品设计材料与工艺［M］. 北京：电子工业出版社，2014.

［23］乌利齐，埃平格. 产品设计与开发［M］. 杨青，吕佳芮，等译. 北京：机械工业出版社，2015.

［24］邬琦珠. 产品设计［M］. 北京：水利水电出版社，2012.

［25］桂元龙，杨淳. 产品设计［M］. 北京：中国轻工业出版社，2014.

［26］任成元. 产品设计［M］. 北京：人民邮电出版社，2016.

［27］洛可可创新设计学院. 产品设计思维［M］. 北京：电子工业出版社，2016.

［28］刘永翔. 产品设计［M］. 北京：机械工业出版社，2009.

［29］苏珂. 产品创新设计方法［M］. 北京：中国轻工业出版社，2014.

［30］李彦. 产品创新设计理论及方法［M］. 北京：科学出版社，2012.

［31］赵波. 产品创新设计与制造教程［M］. 北京：北京大学出版社，2017.